U0171231

一
步
万
里
阔

上头！

啤酒小史

Gavin D. Smith

Beer

A GLOBAL HISTORY

[英]加文·D.史密斯 —— 著

于萍 —— 译

中国工人出版社

图书在版编目（CIP）数据

上头！：啤酒小史 /（英）加文·D.史密斯著；于萍译 .—
北京：中国工人出版社，2022.5
书名原文：Beer: A Global History
ISBN 978-7-5008-7917-6

Ⅰ . ①上… Ⅱ . ①加… ②于… Ⅲ . ①啤酒—历史—普及读物
Ⅳ . ①TS262.5-49

中国版本图书馆 CIP 数据核字（2022）第 074678 号

著作权合同登记号：图字 01-2022-0888

Beer: A Global History by Gavin D. Smith was first published by Reaktion Books,
London, UK, 2014, in the Edible series. Copyright © Gavin D. Smith 2014.
Rights arranged through CA-Link International LLC.

上头！：啤酒小史

出 版 人	董　宽
责任编辑	董芳璐
责任校对	丁洋洋
责任印制	黄　丽
出版发行	中国工人出版社
地　　址	北京市东城区鼓楼外大街 45 号　邮编：100120
网　　址	http://www.wp-china.com
电　　话	（010）62005043（总编室）　　（010）62005039（印制管理中心）
	（010）62001780（万川文化项目组）
发行热线	（010）82029051　62383056
经　　销	各地书店
印　　刷	北京盛通印刷股份有限公司
开　　本	880 毫米 ×1230 毫米　1/32
印　　张	7.625
字　　数	100 千字
版　　次	2022 年 7 月第 1 版　　2022 年 7 月第 1 次印刷
定　　价	62.00 元

目录

前　言

　　啤酒是世界上最受追捧的酒精饮料，其历史可追溯至公元前1万年，几乎每个国家都拥有自己的啤酒酿造传统。由于气候和地理因素，其他酒精饮料的传播和影响力受到限制——只有在能够种植葡萄的地方才能酿造葡萄酒——但啤酒随处可见，几乎所有的地方都能找到酿造啤酒的基本原料，只是形式有所不同。

　　自古以来，啤酒备受追捧的原因有很多。首先，如上所述，几乎所有的地方都能找到酿造啤酒的基本原料。其次，啤酒价格实惠，人人都可以喝得起。最后，啤酒具有巨大的价值。在古代，人们难以获得干净的饮用水，而喝啤酒可以避免因饮用受污染的饮用水而患霍乱、伤寒等疾病。1687—1860年，伦敦圣巴塞洛缪医院就自办酿坊，每天向住院患者派发三品脱啤酒，取代饮水，即便从现代角度来看，这也已经很了不起了。啤酒还具有重要的营养价值——它被称为"液体面包"不无道理——但它最大的吸引力也许在于适量饮用后的微醺可以给人带来放松和幸福感。

在全球范围内，啤酒的消耗量确实非常惊人。2011年《麒麟研究所食品与生活方式报告》（*Kirin Institute of Food and Lifestyle Report*）数据显示，2010年，全球啤酒消耗量为1.8269亿千升，相当于2886亿瓶633毫升的啤酒。与2009年相比，增长433万千升（68.4亿瓶633毫升的啤酒），上涨2.4%，实现了25年连续增长。

正如我们将看到的，几个世纪以来，世界各地饮用的啤酒不论是其性质还是其酿造方法、消费方式和消费场合都发生了显著变化。在接下来的章节中，我们不仅会厘清世界各地的啤酒历史，重点介绍啤酒制造大国和啤酒饮用大国，还会研究这种饮料的文化关联及其搭配各种食物时的功效。我们还将关注一些全球知名啤酒品牌的传承，推荐一些了解啤酒的最佳场所，并结识一些志同道合的啤酒爱好者。

大约从公元前1万年起源到21世纪，啤酒已经经历了一段漫长的旅程。但毋庸置疑的是，现在啤酒的种类更加丰富，人们对啤酒的投入和热情更甚从前，啤酒爱好者们对啤酒的发展前景更加乐观。所以，无论你手头有什么风格和品牌的啤酒，给自己倒一杯，跟我一起探索全球啤酒的历史吧。

1

起　源

像许多古老技艺一样，最早的酿酒技术早已湮没在时间的长河中。一种极具说服力的说法称，在新石器时代，今库尔德斯坦（土耳其、伊拉克和伊朗等现代国家境内）的人们最早开始酿酒。大约在公元前1万年，他们就已经开始种植农作物。也许是因为谷物受潮，开始发芽，他们为了保存这些谷物便将其进行风干，却意外发现它们释放出了将谷物中的淀粉转化为可发酵糖所必需的酶。人们认为，他们偶然发现了啤酒的酿造工艺，逐渐开始酿造啤酒。当然，我们在讨论很久以前的故事时会不可避免地使用"可能""也许"等字眼。

　　有人认为，亚洲、非洲和美洲可能都各自研究出了酿造等制作酒精饮料的方法，使用的都是当地种植的粮食作物或水果；有一种人类学观点认为，游牧民

非洲原住民饮用小米啤酒，约1900年。

族放弃了游牧生活，转而种植农作物，主要就是为了酿造啤酒。绝对有这种可能性，因为酒精具有魔力，浅尝后便令人无法自拔！

最早定居并种植农作物的游牧狩猎民族被认为是苏美尔人，他们占领了底格里斯河和幼发拉底河之间的土地，即现在的伊朗和伊拉克。苏美尔人发明了战车和楔形文字，被视为中东首个具有重要意义的文明。事实上，5000多年前，他们将啤酒的种类和配方记录在了泥板上，即古代文献《宁卡西赞歌》（*A Hymn to Ninkasi*）。"宁卡西"的意思是"赠予人们食物的女人"，也被视为酿酒女神。另外，她还是生育、丰收、性爱和战争女神。宁卡西的九个孩子都以酒精的"后劲儿"命名，如"争吵者""吹牛者"。

《宁卡西赞歌》由两首饮酒歌组成，可以追溯至公元前18世纪，其中一首详细描述了酿酒过程，而另一首则赞美酿酒女神给人们带来了愉悦的醉酒机会。考古学家在苏美尔乌尔城发现了这部作品。据记载，苏美尔人用谷物制作了一种烘烤面包（*bappir*），将其放在水中自然发酵，用枣和蜂蜜调味，再进行过滤。饮酒是苏美尔人的一项公共活动，他们围坐在酒瓮前，用芦苇秆喝酒。据悉，富裕的苏美尔人会随身携带镶金的芦苇秆，作为身份的象征。

大约在公元前2000年，古巴比伦人征服了苏美尔人，酿酒才最终从一项家庭消遣方式转变为一种更加正式的商业活动，以满足老百姓和军队的口腹之欲。除了《宁卡西赞歌》之外，还能在乌尔城发现大型公共酿酒厂的考古证据，可以追溯至公元前2000—前539年。对于古巴比伦人而言，酿酒意义重大，酿造劣质啤酒的制造商会被溺死，以示惩戒。

古巴比伦国王汉谟拉比对酿酒的正式化和分类做了很多工作，在《汉谟拉比法典》（*The Code of Hammurabi*）中，他确定了20种不同风格的啤酒，其中8种只能用大麦酿造，而其他十几种可以由几种谷物混合酿造。在古巴比伦最受推崇的啤酒是斯佩尔特啤酒，《汉谟拉比法典》还记载了小麦啤、红啤和黑啤，更不用说窖藏精酿啤酒了，这种特殊产品在埃及的出口市场非常繁荣。

古埃及人也以酿酒闻名。众所周知，至少从公元前3000年开始，他们就在酿造一种名为海奎特（heqet）的烈性啤酒，其中添加了药草、生姜、藏红花和杜松等香料。对古埃及人来说，相比古巴比伦人和他们的前辈苏美尔人，啤酒的作用远远不止单纯的解渴或醉人。啤酒是古埃及医学中的一个重要元素，作为神灵的祭品，它伴随着死者最终进入极乐世界。《亡灵书》（Book of the Dead）中提到了在祭坛上摆放着的海奎特，而古埃及冥神奥西里斯（Osiris）被视为酒神，掌管着生育、死亡和复活。酿酒主要是由妇女完成的——在许多文明中，在几大洲都是如此，至少直到中世纪末期。

即便在公元前322年，亚历山大大帝率领希腊军队入侵埃及，繁荣的酿酒业仍在埃及迅速发展。公元

古埃及啤酒酿造模型。左边的两个人正在酿酒，
右边的人似乎在等着将酒装入容器。

前430年，古希腊历史学家希罗多德访问埃及，据其记载，"埃及没有葡萄树，他们便用大麦酿酒"。从公元前31年开始，古罗马人占领了埃及；和古希腊人一样，古罗马人并不了解啤酒的真正魅力，他们更喜欢葡萄而不是谷物。古罗马历史学家塔西佗在1世纪写道，德国人和高卢人常常喝啤酒。古罗马作家、哲学家老普林尼在他的《自然史》（*Natural History*，约77年）中提到，酿酒时就像好奇地观察着显微镜下的标本：

西欧人民有一种醉人的液体，由谷物和水制成。酿造的方法与高卢、西班牙等国的酿造方法略有不同，名称也不相同，但本质和特性却处处相同。

罗马本土遍植葡萄藤，本地人便喝葡萄酒，而欧洲葡萄的稀缺导致啤酒酿造在整个欧洲传播开来。气候凉爽、无法种植葡萄的国家往往盛产大麦和小麦。与此同时，欧洲北部的维京文化也非常重视啤酒，他们为了激发"荷兰人的勇气",往往乘船外出,征伐劫掠,但即便是在船上,他们也常常酿造啤酒。维京人用他们所杀的敌人的头骨作为饮酒的容器,斯堪的纳维亚人在举杯时会欢呼"*skål*",这个词来源于"*scole*",与"skull"同音,译为头骨。在北欧神话中,瓦尔哈拉殿堂就像一个狂欢畅饮的酒吧,啤酒源源不断地从山羊神海德伦的乳房中流出,阵亡将士的英灵便在此狂欢。

在欧洲,大规模酿酒业的开始是以修道院为中心。612年,圣阿诺德(St Arnold)——一位出生于奥地利的神职人员,就任法国东北部梅斯地区的主教,大力推广啤酒酿造,后被追认为圣徒。圣阿诺德意识到,污染的水源会传播疾病,于是在其布道中一再提倡饮用啤酒,用啤酒代替水。640年,圣阿诺德在洛林勒米尔蒙附近潜修时去世。一年后,当地民众要求将其遗体带回梅斯,中途在尚皮涅勒的一家酒馆中稍作休息。而当时,这家酒馆只剩下一杯麦芽酒,在场所有人不得不分而饮之。圣阿诺德之所以被追认为圣徒,是因为他在世时，啤酒可谓用之不竭。另外，他还因宣称"上帝慈爱，见不得人们受苦受累，啤酒才来到了这个世界"，而受到了赞誉。

与此同时，瑞士东北部圣加仑的修道士们创建了公认的欧洲第一家具有商业规模的啤酒厂。829年以来，现存的图表和该修道院一份关于11世纪酿酒的叙述，描绘了一个高度组织化、复杂的操作情景——有三个独立的啤酒厂，共有40座建筑物。其中一家啤酒厂生产一种被称为"西利亚（celia）"的烈性啤酒，原料主要为大麦和小麦，专供修道院院长、其他高层以及重要访客享用。与此同时，第二家啤酒厂用燕麦酿造"萨维萨（cervisa）"啤酒，并添加药草，供修道士和来访的朝圣者饮用，而世俗工人和乞丐则不得不靠第三家啤酒厂生产的"斯莫尔（small）"淡啤凑合凑合。

经过煮沸和发酵过程，啤酒成为水或牛奶的安全替代品，减少了疾病的传播。传教士、工人和访客白天都会时常饮用这三种啤酒，就像我们现在喝茶或咖啡一样。尚存的记载显示，修道院学校的100多名修道士、200多名奴隶和数百名学者都需要种植谷物，酿造啤酒。酿酒用的是铜制的大壶，底下是熊熊火焰，每个壶都配有一个冷却器和一个木制发酵罐。当时，人们尚未从生物学的角度来理解发酵的过程，酵母发挥作用的过程被广泛视为一个奇迹。另一个神奇的发现是啤酒花具有良好的防腐作用。虽然现代的啤酒爱好者比较喜欢啤酒花的味道，但在中世纪时期，许多人认为啤酒花的苦味非常令人反感。

众所周知，9世纪，巴伐利亚州就已经开始种植啤酒花，早在736年，哈勒陶地区就有一个修道院建造了啤酒花花园。10世纪，波希米亚公爵瓦茨拉夫一世非常重视啤酒花，并规定任何出口啤酒花这种植物的人，一经发现，处以死刑。1150年，莱茵河畔圣鲁珀斯堡本笃会修道院创始人、院长希尔德加德·冯·宾根在《自然世界》(*Physica*) 中写道，"将啤酒花放入麦芽酒中可以防止腐坏，使啤酒保存得更长久"。

比利时邮票上的智美斯高蒙特圣母修道院，1973年。

在将啤酒花广泛用作啤酒防腐剂之前，一种被称为格鲁特（gruit）的调配草药起到了类似的作用，同时还改善了啤酒的风味。格鲁特中含有多种药草，但其中最受欢迎的成分似乎是睡菜和蓍草。由于天主教会和贵族成员基本上垄断了啤酒花的销售，并征收赋税，因此通过限制啤酒花的普及，教会团体可以取得既定的经济利益，但即便是万能的上帝和当权者也阻止不了它们的传播。

除了啤酒花之外，修道院啤酒厂还做出了一项伟大的创新，与在啤酒中加入啤酒花一样，经久不衰。在炎热的夏季，酿造过程中一直存在一个问题，即啤酒容易被细菌感染，发酵过程难以把控。巴伐利亚州的修道士们将啤酒长时间存放在凉爽的地窖中，酵母沉入容器底部，与浮在表面相比，发酵更慢，而且更可控，从而使这一问题得到解决。这种"底部发酵"的过程大大地延长了啤酒的储存时间——"窖藏（lagering）"一词，源于德语"*lagern*"，意为"储存",指的便是这一过程。从本质上来看,所有啤酒都可以分为艾尔啤酒(ale)和拉格啤酒(lager),但在现代,这两种啤酒通常被混为一谈。

除了对啤酒制造过程产生实际和深远的影响外,修道院啤酒厂对现代的酿酒世界仍有影响。例如,比利时智美和西麦尔特拉普修道院啤酒厂以及畅销啤酒品牌——莱福啤酒(Leffe),于13世纪在比利时迪南附近的勒费圣母修道院(*Abbaye Notre-Dame de Leffe*)首次生产。

2

商业啤酒

虽然啤酒酿造往往以修道院为中心，但专业的世俗啤酒制造活动遍布欧洲。14世纪中叶，德国汉堡成为世界啤酒酿造方面的佼佼者，但因为一系列的战争带来了灾难性影响，直到18世纪，其商业规模的啤酒生产才恢复了往日的盛况。那时，1516年颁布的《啤酒纯净法》仍然盛行，其中规定，啤酒的原料只能是水、大麦和啤酒花。

在英国，国王亨利六世在1445年首次授予酿酒商皇家特许状，成立了行会，15世纪中叶，啤酒酿造成为一种有组织的世俗活动。据编年史家约翰·斯托（1525—1605）记载，1414年，"邓斯特布尔一位名叫威廉·穆尔勒的人将他的两匹马全身都镶嵌了黄金"，这说明当时的啤酒酿造业利润丰厚。

在许多国家，百姓家里也酿造啤酒，而且在英国，

大卫·特尼尔斯:《老酒徒》(*The Old Beer Drinker*),约1640—1660年。

上头！
啤酒小史

这种通常是"啤酒主妇们"的活儿。啤酒酿造最适合女性，因为它不需要花费很大的体力，而且由于各个过程之间有相当长的时间差，可以穿插在家务活儿中进行。此外，家家户户都有坛子、瓶子等最基本的酿造器具。酿酒酿得好的家庭最后开始将酿酒作为谋生手段，向所谓的"酒吧"或酒馆老板出售。如果要出售剩余的麦芽酒，啤酒主妇们通常会在家门前放一把灌木植物，所谓的官方品酒师（conner）就会检查酒的质量。在许多情况下，官方品酒师也是女性，但大多数家庭酿造的啤酒都会避开官方检验，这意味着许多交易都是非法的。

英国的啤酒主妇们忙着酿酒销售时，据英国冒险家理查德·哈克卢特记载，1587年，大西洋彼岸（即后来的美国）的定居者们也开始酿造啤酒。哈克卢特引用了一位同伴——托马斯·赫里奥特的话，后者在分析弗吉尼亚州的玉米时曾说过："我们在这里做出了同样的麦芽酒，完全符合人们的要求。"在弗吉尼亚州，建立詹姆斯敦殖民地的殖民者于1606—1607年来到美洲，他们首先依靠贩卖船上带来的啤酒生存了下来，后来沦落到与来访的水手交换酿酒工具。据记载，1609年，弗吉尼亚州州长下令张贴广告，吸引啤酒制造商在殖民地创办啤酒厂，但直到20年之后，詹姆斯敦才出现了两家啤酒厂。北美所有定居者中最著名的是英国清教徒中那些主张脱离国教者，即朝圣者祖先。1620年，他们乘坐"五月花"号来到北美，并在科德角的普利茅斯登陆，而没有沿着哈德逊河继续前行。他们中的一位领导者——威廉·布拉德福德写道，他们在普利茅斯登陆，是因为"现在是12月20日，我们已经没有时间进行探索或思考了，因为我们的食物已经消耗殆尽，尤其是啤酒"。

与此同时，1612年，荷兰人阿德里安·布洛克和亨德里克·克里斯蒂安森在当时的新阿姆斯特丹（即现在的纽约曼哈顿区）建立了新大陆第一家已知的真正商业啤酒厂。布洛克和克里斯蒂安森在伦敦报纸上刊登广告，邀请专业酿酒人员到他们的企业就业。随着时间的推移，啤酒酿造传播开来，大约在1685年，费城第一家啤酒厂开业。然而，美国乡村的许多家庭自己酿造啤酒，这是农业的重要组成部分，就像他们用谷物酿制威士忌一样。此外，还有流动"酿酒师"用马车拉着微型啤酒厂走乡串户，帮农民酿制啤酒。

从历史上看，大多啤酒都是在本地酿造，因为当时道路崎岖颠簸，笨重的木桶难以长途运输，只能依靠马车运输，尽管河道运输解决了部分运输问题（许多啤酒厂位于水路旁）。然而，虽然酿制的成品不易运输，但主要的谷物原料却相对较轻，容易从一个地方转移到另一个地方，这意味着国家的麦芽制造工业先于啤酒酿造产业发展了起来。用大麦制作麦芽——"释放"淀粉，转化为可发酵糖——所创造的价值吸引了商人的目光。

直到18世纪工业革命的开始，随着城市化的发展，人口密集地区迅速发展，大规模啤酒酿造才开始出现。除了为越来越多的城市居民提供啤酒外，运河

传统酿酒设备。

网络的建立还开拓了范围更广的啤酒销售地区。在接下来的一个世纪里，世界各国的铁路在很大程度上取代了运河，将啤酒运送到了更远的地方。1774年，詹姆斯·瓦特发明了蒸汽机，促进了铁路运输的发展，18世纪后期，啤酒制造商已经开始使用蒸汽机。瓦特发明蒸汽机仅仅三年后，位于伦敦附近斯特拉特福里波（Stratford-le-Bow）的库克公司（Messrs Cook & Co.）成为第一家安装蒸汽机的啤酒厂。1784年，塞缪尔·惠特布雷德采购了一台蒸汽机，用于他位于伦敦奇斯韦尔大街上的啤酒厂，研磨麦芽，制作麦芽原浆，该啤酒厂建于18世纪40年代末。

惠特布雷德的啤酒厂经营规模很大，1758年生产了6.5万桶波特黑啤（Porter），举世瞩目，但它只是18世纪中叶创建的众多产量巨大的啤酒厂之一，这些啤酒厂的产量在几十年前是难以想象的。虽然惠特布雷德是伦敦最大的啤酒厂，但威廉·巴斯于1777年在特伦特河畔伯顿（位于斯塔福德郡）建立了一个意义重

用火车运输的冰啤酒桶，1850—1900年。

上头！
啤酒小史

大的啤酒厂；在爱尔兰，亚瑟·吉尼斯于1759年在都柏林建立了他的圣詹姆斯门啤酒厂。这些啤酒厂，凭借着那个时代的创新技术的应用，使用了液体比重计、温度计和一些节省劳动力的设备，将人工从糖化等过程中解放出来。

在伦敦，波特黑啤广受欢迎。它的名字来源于对它尤为喜爱的市场搬运工，它是用焦黄色的麦芽酿造的，使用了大量的啤酒花。波特黑啤装在巨大的桶中，经过几个月的时间成熟。这些设备造价昂贵，投资非常大，因此波特黑啤的生产仅限于伦敦较富裕的酿酒商，巴克莱（Barclay）、杜鲁门（Truman）和惠特布雷德（Whitbread）等老牌酿酒商把控着伦敦的波特黑啤市场。波特黑啤据说是在18世纪20年代由肖尔迪奇贝尔啤酒厂的拉尔夫·哈伍德"发明"的，成熟后口感醇厚。

将相对新鲜的啤酒在销售前混合在更加成熟的啤酒中，分配到零售店后易于保存，而且由于生产规

伦敦奇斯韦尔大街惠特布雷德啤酒厂的院子,约1791年。

上头！
啤酒小史

模大，价格也相对便宜，因此伦敦的劳动人民大多买得起。1748年，伦敦啤酒厂生产了91.5万桶波特黑啤，其中，38.3万桶来自该地的十几个大型啤酒厂。直到19世纪初，淡色艾尔啤酒（Pale Ale）开始流行，波特黑啤的统治地位才开始减弱。淡色艾尔啤酒——由淡黄色而不是琥珀色或焦黄色的麦芽制成——在麦芽制造技术改进之前就已经存在了至少一个世纪，特别是麦芽的间接烘干技术，这意味着酿酒商可以一直生产这种淡色啤酒。

居住在伦敦东部的乔治·霍奇森是淡色艾尔啤酒的早期支持者之一，这种啤酒的特点是清淡、泡沫浓郁、添加了大量的啤酒花。在英国，它们开始吸引新兴中产阶级，从风格上讲，它们也非常适合英国的温暖气候，促进出口贸易蓬勃发展。1790年，霍奇森开始向印度出口淡色艾尔啤酒，它的通用名称——印度淡色艾尔（India Pale Ale，以下简称IPA）很快传播开来。1822年，塞缪尔·奥尔索普开始酿造淡色艾尔啤酒，其他的伯顿啤酒商如威廉·巴斯也很快加入了这一行列，IPA的重点逐渐转移到英国中部特伦特河畔伯顿的老牌酿酒中心。虽然伯顿的啤酒酿造传统可以追溯到1000年左右，并且修道院啤酒酿造的渊源更为长久，也为欧洲很多国家的啤酒酿造提供了统一的标准，但伯顿长期以来一直是以其硬水闻名，最适合酿造淡色艾尔啤酒。巴斯公司（Bass & Co.）虽出身卑微，但已经成长为英国最大的啤酒厂和最受欢迎的啤酒品牌之一。到19世纪80年代，巴斯在伯顿新建了两个啤酒厂，年产量接近100万桶，三个巴斯啤酒厂共雇用员工约2500人。巴斯的"红色三角形"是第一个根据英国《商标注册条例1875》注册的商标，编号为1。

其他技术的进步使酿酒商得以迅速扩张，并提高了效率，尤为值得一提的是铁的广泛使用，铁质容器和工具比木质器具更耐用、更坚固。这主要得益于鼓风炉技术的提高，但早在公元前5世纪左右，中国就已经出现了鼓风炉。混凝土制造技术也得到了改进。与炼铁一样，混凝土制造技术实际上由来已久，罗马人用混凝土建造沟渠、桥梁甚至罗马万神殿的圆顶。然而，直到19世纪，混凝土再次被广泛用于建筑，啤酒酿造也开始应用混凝土。

与此同时，欧洲大陆的酿酒商正在大规模生产拉格啤酒。1841年，慕尼黑的斯巴腾啤酒厂和维也纳的德雷尔啤酒厂开始生产淡琥珀色的啤酒；1843年，在波希米亚皮尔森啤酒厂工作的约瑟夫·格罗尔酿造了第一款皮尔森啤酒（Pilsner），一种金色的拉格啤酒。1873年，在继20年前在澳大利亚开展的开发制冷设备的先驱工作后，斯巴腾啤酒厂的卡尔·冯·林德将乙醚用作制冷剂气体，发明了机械冷藏，这也是拉格啤酒持续发展的一个主要因素。大约在林德研发啤酒制冷技术的同时，法国人路易斯·巴斯德的一项创举促使人们开始真正认识发酵科学，以及啤酒的热处理——巴氏杀菌——是如何抑制变质微生物的生长，并缩短其"保质期"的。他的发现——《啤酒的研究》（*Etudes sur la bière*）于1876年发表。

此后不久，皮尔森在啤酒酿造界中占主导地位，风靡多个大陆，美国钟情于拉格啤酒，只有英国坚持"艾尔"传统。尽管英国第一家专门生产拉格啤酒的酒厂可以追溯到1881年，当时，奥地利—巴伐利亚拉格啤酒（Austro-Bavarian Lager Beer）和水晶冰公司（Crystal Ice Company）在伦敦北部的托特纳姆开设了啤酒厂，但在很大程度上，这种情况一直持续到今天。

上头！
啤酒小史

3

啤酒酿造产业的成熟

19世纪后半叶，全球啤酒酿造业正式开始企业整合，生产规模不断增长，这个趋势一直持续到今天。生产效率的提高和分销方法的进步使得少数大型啤酒厂进一步扩大生产规模。1910年，美国啤酒厂的数量从1873年的4131家，下降到1500家左右，但啤酒生产量却高于1873年。

　　在收购和兼并方面，1889年，位于密尔沃基的弗朗茨·弗克酿酒公司（Franz Falk Brewing Company）和荣格＆博尔歇特酿酒公司（Jung & Borchert Brewing Company）合并，成立了弗朗茨、荣格＆博尔歇特酿酒公司（Falk, Jung & Borchert Brewing Company）。四年后，该公司又被帕布斯特酿酒公司（Pabst Brewing Company）收购。同样在1889年，密苏里州圣路易斯的至少18家酿酒企业合并，成立了圣路易斯啤酒协

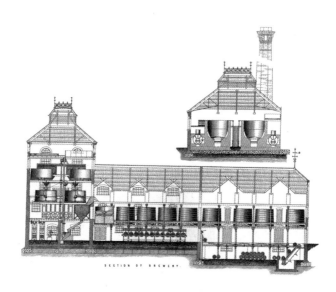

19世纪商业啤酒厂的厂房设计图。

上头！
啤酒小史

会。一年后，六家独立的酿酒厂联合组建了新奥尔良酿酒公司。1901年，巴尔的摩的16家啤酒厂合并，成立戈特利布-鲍恩施密特-施特劳斯酿酒公司（Gottlieb-Bauernschmidt-Straus Brewing Company）。

尽管我们认为美国的禁酒时期指的是1920—1933年，但在1826年，美国提倡禁酒协会在波士顿成立，反对饮酒的运动实际上在近一个世纪前就已经兴起。1846年，禁酒令写进缅因州的法律，随后的10年中，其他几个州紧随其后，早在1920年1月《禁酒法案》生效、美国禁酒之前，禁酒运动就已经让美国酿酒商们头痛不堪。

与此同时，在日本，美国啤酒在19世纪中叶极为畅销，后来，由于英国和德国进口啤酒的出现，美国啤酒才黯然失色。19世纪，日本啤酒酿造企业多为外企。直到19世纪最后30年，日本三大啤酒厂成立后，日本国内啤酒制造行业才真正发展起来。1876年，东京的Kaitakushi啤酒厂投入生产，成为日本第一家日资啤酒企业，1886年，该企业更名为札幌啤酒厂。三年后，大阪啤酒酿造公司成立，随后更名为朝日（Asahi）啤酒厂。1885年，破产的横滨春谷啤酒厂重新开业，开始销售麒麟啤酒（Kirin）。在英国，虽然禁酒运动声势见增，但人们对啤酒的需求与日俱增，这意味着到1900年，每年酿造的啤酒量约为4000万桶。尽管消耗量不断提高，几年前啤酒厂的数量却开始像美国一样不断下降，当时，惠特布雷德等巨头企业开始并购规模较小的竞争对手。

　　1914年，第一次世界大战爆发前的几年是经济衰退时期，导致许多啤酒酿造企业合并或停业。对啤酒征收高额税收，加上以反饮酒著称的财政大臣大卫·劳合·乔治下令缩短了战时酒吧的营业时间，这只会让形势每况愈下。结果，到1939年第二次世界大战开始时，1900年幸存下来的6477家啤酒厂已降至不到600家。随着酒吧啤酒消耗量的下降，瓶装啤酒在英国开始流行，在美国，瓶装啤酒也日渐重要，1873年，

啤酒装桶，19世纪末。

阿道弗斯·布希开始在他的安海斯啤酒厂大规模生产瓶装啤酒。瓶装啤酒在18世纪早期就已经兴起，但直到19世纪60年代才真正发展起来，形成规模。19世纪70年代，螺旋塞取代了软木塞；1892年，冠形瓶塞获得专利，又取代了螺旋塞。装瓶一直是一项艰苦的手工劳动，直到19世纪80年代引入了机械化，一种专门适合装瓶的新型啤酒诞生。这种啤酒被称为"工业啤酒（adjunct beers）"，由糖和未发芽的谷物制成，与麦芽酒相比，它们在瓶中保持"鲜亮"的时间更为长久。

在许多其他国家，直到20世纪初，自然发酵的瓶装啤酒（在装瓶后继续发酵）仍然流行，但在世纪之交，美国瓶装啤酒的过滤和人工碳酸化已经标准化。据估计，到1900年，美国售出的啤酒20%是瓶装啤酒，10年后，德国销售的啤酒33%是瓶装啤酒。

20世纪20年代后期，美国的安海斯-布希、施利茨和帕布斯特酿酒厂开始用非常淡的"淡啤酒（near beer）"探索罐装啤酒，但直到1935年1月，第一批平

上头！
啤酒小史

手托百威啤酒的服务员，19世纪末。

顶罐装的克鲁格艾尔啤酒（Krueger Ale）和克鲁格啤酒（Krueger Beer）才出现在弗吉尼亚州里士满的市场上。罐装啤酒一炮而红，1935年8月，帕布斯特酿酒厂成为第一个采用罐装技术的酿酒商。在英国，最早推出罐装啤酒的是南威尔士的福林福尔啤酒厂。在罐装啤酒风靡美国一年之后，虽然英国人并不像大西洋彼岸的美国人那样热衷于罐装啤酒，但与玻璃瓶装啤酒相比，许多啤酒制造商却热衷于生产罐装啤酒。爱丁堡的约翰·杰弗里啤酒厂很快生产了罐装拉格啤酒，伦敦的巴克利、帕金斯啤酒厂和汉默顿啤酒厂，雷丁的西蒙兹啤酒厂，爱丁堡的麦克尤恩啤酒厂，以及格拉斯哥的替牌啤酒厂都纷纷效仿。

两次世界大战和世界大部分地区的经济衰退导致啤酒厂收购和兼并的势头有所放缓。但从20世纪60年代开始，英国啤酒酿造业进入了有史以来最快的兼并整合时期。1960年，沃灵顿的约书亚·泰特利&索恩啤酒厂（Joshua Tetley & Son Ltd）与沃克·凯

稀有啤酒罐收藏。

恩啤酒厂（Walker Cain Ltd）合并，成立泰特利·沃克啤酒厂。次年，新公司又与特伦特河畔伯顿的英德·库伯和奥尔索普啤酒厂（Ind Coope and Allsopp Ltd）以及伯明翰的安思尔啤酒厂（Ansells Ltd）合并，成立了联合啤酒厂（Allied Breweries Ltd）。到20世纪70年代后期，六大企业把控着英国的啤酒酿造业。"六巨头"包括联合啤酒厂、巴斯·查林顿啤酒厂（Bass Charrington）、勇气啤酒厂（Courage）、苏格兰&纽卡斯尔啤酒厂（Scottish & Newcastle）、沃特尼·曼恩&杜鲁门啤酒厂（Watney Mann & Truman）和惠特布雷德啤酒厂。当时，拉格啤酒已经取代了英国传统的艾尔啤酒，成为备受追捧的啤酒，艾尔啤酒逐渐被边缘化，即使1971年的"真麦酒运动组织"（Campaign For Real Ale, CAMRA）举办了一系列的活动，也难以力挽狂澜。

在全球范围内，整合、兼并和合理化过程仍在继续，且更加不留情面，大规模的啤酒酿造日益集中在为数不多的几个大型啤酒厂运行的全球化公司手中。例如，2008年在美国，比利时啤酒酿造巨头英博集团收购了酿造百威啤酒（Budweiser）的安海斯-布希啤酒厂；英博后来被称为百威英博，是世界上最大的啤酒制造商。与此同时，2005年，加拿大大型啤酒生产商摩森啤酒厂与科罗拉多州的康胜啤酒厂合并，2007年，又与南非的米勒啤酒厂合并为米勒康胜啤酒厂。在大西洋彼岸，百威英博通过旗下时代啤酒（Stella Artois）、朱皮勒啤酒（Jupiler）、福佳白啤（Hoegaarden）和莱福啤酒等品牌，在英国和欧洲大陆啤酒市场产生了极大的影响力。丹麦啤酒酿造巨头嘉士伯（Carlsberg）是另一个著名的欧洲酿酒商，而荷兰的喜力（Heineken）在170个国家设立了约125家啤酒厂。

然而，不仅仅是英国的"真麦酒运动组织"抵制国际集团生产的这些口味统一的啤酒，小规模的"精酿（craft）"啤酒也已广泛发展。"精酿啤酒吧"的概念，即出售自制啤酒的酒吧，重新恢复顾客和酿酒师之间久违的联系，自20世纪80年代后，在美国广受欢迎。1982年，苏格兰裔加拿大酿酒商伯特·格兰特创立了美国第一家精酿啤酒吧。格兰特在华盛顿州成立了雅基玛啤酒厂（Yakima Brewing and Malting Company），该厂内设立了一个现场销售点和一个小型酿酒厂，这一概念很快风靡加利福尼亚州和纽约州。除了精酿啤酒吧外，还有向其他零售商出售啤酒的小型专业酿酒商。尽管如此，他们的生产规模并不大，2010年，美国精酿啤酒产量仅占整个市场总产量的5%。

同年，英国拥有近800家啤酒厂，但80%的啤酒产自百威英博、嘉士伯、米勒康胜或喜力旗下的啤酒厂。然而，近年来，欧洲和北美独立经营的酿酒商数量急剧增长，这说明不少人渴望在啤酒中添加独特的风味与个性、创新和地域性特征，啤酒业因他们的存在而更精彩。

4

啤酒酿造工艺

从古巴比伦人到现代跨国啤酒酿造企业，酿造啤酒的基本原理基本相同。得益于科学的发展，过去，我们的祖先"只知其然"，但今天的啤酒酿造者更有经验，"知其所以然"。无论原料是大麦、小麦、黑麦、燕麦还是其他任何谷物，酿造啤酒的第一步就是将谷物制成麦芽。要制作麦芽，首先要将谷物浸泡在水中，直到谷物开始发芽之前；然后在窑炉或烘烤机中干燥，防止发芽。酶将谷物中的淀粉转化为可发酵的糖，为下一阶段的酿造做好准备。干燥过程中的温度不同，麦芽的风格便不同，有的是"淡黄色"麦芽，有的是"巧克力色"麦芽，它们决定着产品的不同风味和颜色。酿酒师在酿造一种啤酒时通常会将几种不同风格的麦芽混合在一起，就像红酒酿酒师会将不同的葡萄品种混合在一起一样。

上图：啤酒酿造中最常用的谷物——大麦。

左图：皮特拉（Pietra），一种来自科西嘉岛的精酿啤酒，由麦芽和栗子粉混合酿成。

上头！
啤酒小史

大麦一直是最受欢迎的啤酒酿造谷物，主要是因为与其他谷物相比，大麦中的淀粉转化为可发酵糖的发生率较高。因此，为了使淀粉有效地转化为糖，通常会将一定比例的大麦麦芽混合在其他谷物中。谷物制成麦芽后，酿造啤酒的第二步是将淀粉转化为可发酵的糖，产生酒精。首先，将麦芽磨碎，再将麦芽碎与热水倒进糖化锅中，制成一种被称为"麦芽浆"的粥状物质。匪夷所思的是酿酒师通常将水称为"汁"。

　　糖化工艺分为两种，即浸出法（infusion）和煮出法（decoction）。使用浸出法时，热水在麦芽浆上发生作用，会产生麦芽汁，这是一种富含糖分的甜味液体，通过糖化锅底部的槽排出，将热水喷洒在剩余的浸泡过的谷物上——这一过程被称为清洗麦槽——将麦槽残余的糖分清洗干净。剩下的谷物被称为酒糟，通常作为动物饲料出售，因为它们特别有营养。煮出法多用于底部发酵的啤酒，如拉格啤酒，需要排出部分麦芽浆，将它放在煮锅中高温蒸煮，温度比在糖化锅中要高得多。然后将这部分麦芽浆重新倒入糖化锅中，锅里所有东西的温度会骤然上升。浸出法可能需要两个小时，但煮出法则需要三倍的时间，还需要一个带有旋转刀片的过滤槽，可以更有效地排出麦芽汁。与浸出法相比，煮出法可以提取出更多的可发酵糖，因为酿造拉格啤酒和其他底部发酵啤酒时使用的是颜色较淡的麦芽，含糖量较少，所以必须使用煮出法。

糖化后产生的甜麦芽汁被泵送到铜锅或煮沸锅中，这个锅可能由铜或不锈钢制成，现在通常由内部蒸汽旋管加热，但少数啤酒厂仍然在使用燃油炉，直接明火加热。真正的酿造是在铜锅中进行的，麦芽汁被加热到沸点，这里需要加入啤酒酿造中的一种重要成分，即啤酒花。现在，啤酒花可以以新鲜的、干燥的或颗粒状的形式，也可以作为啤酒花提取物提供给酿酒师，但大多数专业的啤酒制造商都对它嗤之以鼻。在"蒸煮"的早期阶段，添加啤酒花会产生不同程度的苦味，同时也有助于净化麦芽汁。蒸煮过程快结束

酿酒铜器。

时再加入一些啤酒花，这时它们的主要功效便是增添香气。

啤酒花对啤酒特性的重要性再怎么夸大也不为过，而且每种啤酒花的影响各异。有些啤酒只使用一种啤酒花，有些啤酒则混合使用了多种啤酒花，每种啤酒花中的α酸和β酸——啤酒花球果树脂中的主要酸——都提供了苦味，α酸还起到了防腐作用，啤酒花精油增加了啤酒的香气。就像种植大麦的农民努力提高作物产量和潜在的酒精产量一样，近几十年来，科学家和啤酒花种植者一直在努力生产更高产的菌株，以对啤酒成品产生更大的影响。全球啤酒制造商可以使用各种啤酒花。其中，卡斯卡特（Cascade）啤酒花在美国被广泛使用，为淡色艾尔啤酒添加独特的苦味和果味；欧洲的皮尔森啤酒制造商青睐萨兹（Saaz）啤酒花；而传统英国艾尔啤酒则需要经典的啤酒花品种，如法格（Fuggles）和古丁金牌（Goldings）啤酒花。

上图：装满啤酒花麻袋的马车，20世纪初。

左图：啤酒花植物，啤酒中的主要调味剂。

根据所酿造的啤酒风格，蒸煮过程需要持续一到两个半小时，然后添加了啤酒花的麦芽汁会经过浸取槽的过滤提取出啤酒花的渣子，再通过热交换器将其冷却。之后将麦芽汁泵入发酵容器中，在其中添加酵母，制造酒精的过程由此开始。酵母继而消耗麦芽汁中的糖分，产生酒精和二氧化碳。正是发酵过程决定了啤酒的两种生产方式。顶部发酵的啤酒使用特定的酵母菌株，酵母菌株上升至液体表面，产生泡沫，发酵通常持续2—4天，酵母在相对较高的温度下保持活跃。顶部发酵用于制作各种艾尔啤酒，以及小麦啤酒、波特黑啤和世涛啤酒（Stout）。底部发酵啤酒使用的是在较低温度下工作的酵母菌株，酵母菌株最终降落到发酵容器的底部，底部发酵酿造的啤酒多为味道清爽、酒体轻盈的拉格啤酒，发酵时间比顶部发酵时间更长，通常在5—14天。少数酿酒商，尤其是在比利时，还会使用第三种发酵形式，他们利用天然存在的野生酵母来生产兰比克艾尔啤酒（"Lambic" Ale）和

传统的敞口发酵罐。

佛兰芒艾尔啤酒（Flemish Ale），越来越多的精酿啤酒商已经掌握了这种方法，从这种新的酿酒方法中找到了生机。

发酵后（无论是顶部发酵还是底部发酵），所谓的"生啤（green beer）"会被泵入加工桶中，二氧化碳含量会增加，从而使新倒入的啤酒具有"浮沫"。顶部发酵啤酒的加工期相对较短，但底部发酵啤酒的加工期往往会持续至少4周，通常会更长，并且温度接近冰点。还可以添加新鲜酵母，进行二次发酵。在包装之前，大多数啤酒都经过冷冻和过滤，通常还会投入干啤酒花。将干啤酒花投入加工桶，甚至是酒桶中浸泡后，会产生更加浓郁的香气。还可以添加用鱼鳔制成的澄清剂以净化啤酒。大多数大批量生产的桶装、瓶装和罐装啤酒还进行了巴氏杀菌，将啤酒加热，杀死可能使产品变酸并缩短其保质期的细菌，但据说这样会影响啤酒的特性。对于桶装或瓶装的啤酒，酿造过程中没有过滤，需添加额外的糖和酵母，以便在容器中继续发酵，增加啤酒的层次感。对于桶装啤酒，过滤可以去除剩余的酵母，从而防止进一步发酵。

几个世纪以来，虽然酿造工艺并没有发生根本性的变化，但所使用的设备已经有了很大的改变。这并不是说如果将一位中世纪的酿酒师放在当今最先进的、销售量非常大的美国或德国啤酒厂，他会对眼前的事物感到困惑，但几个世纪以来肯定发生了重大变化。早期的糖化桶只是简单的小木桶，带有手工制作的硬木桨或"糖化叉"（用于手动搅拌麦芽浆），但关键的酿造阶段发生在铁锅或手工打造的铜质容器中，当时使用的是明火，加热控制经常不稳定，导致不同批次之间存在显著差异。与铁相比，铜的导热性能更好，而且通过蒸汽加热也能保障不同批次之间的质量更加一致，其他科学原理和实践应用也是如此，其中包括使用温度计监测温度、使用比重计测量麦芽汁和啤酒的强度、冷藏和巴氏杀菌。路易斯·巴斯德开创性的微生物研究大大延长了啤酒的保质期，而丹麦植物学家埃米尔·汉森发明了一种培养酵母培养物的方法，该方法不含其他污染酵母或细菌，1883年，哥本哈根的嘉士伯啤酒厂首次使用单细胞酵母培养物。

5

啤酒酿造大国

每个国家几乎都酿造啤酒，但它在某些国家发挥着更重要的文化、社会和商业作用。在这一章，我们将讨论主要的啤酒酿造大国。

比利时

比利时无疑是世界上最伟大的啤酒酿造国家之一，这不仅仅是因为比利时生产的啤酒风格多样，传统悠久。比利时啤酒的多样性反映在其推荐使用的玻璃杯也多种多样，皮尔森啤酒需要高而细的玻璃杯，以保持其碳酸化；带有手柄的宽口杯适合顶部发酵的艾尔啤酒，以最大限度地提高其香气和风味；切面玻璃杯则突出了白啤的浑浊和新鲜感。

与比利时相关的啤酒种类繁多，部分原因是这个国家过去曾受到奥地利、法国和荷兰等邻国的文化和语言统治或影响。酿造的啤酒从稀奇古怪的手工酿造到享誉全球的时代啤酒不等，这个遍布世界各地的品牌据说可以追溯到1366年的鲁汶啤酒厂。1831年，今天的比利时才从荷兰独立出来，但其啤酒酿造历史可以追溯至中世纪。14世纪，布鲁塞尔成立了一个酿酒师协会，1698年，在布鲁塞尔大广场——该协会总部旧址——修建了天鹅咖啡馆（*Maison des Brasseurs*）。今天，其依然保留着与啤酒制造的联系，成为啤酒酿造业的国家博物馆。

在比利时生产的所有啤酒中，最著名的可能是那些"修道院"或"特拉普"啤酒，它们并不是一种特定风格的啤酒，而是泛指与教会有着千丝万缕联系的啤酒。需要注意的是，这些术语不可互换，因为"Trappist"或"*trappiste*"是一个具有法律效力的称谓，1962年，那些遵循严格标准酿造啤酒的酿酒商才能获得这个称谓。按照相关规定，这些啤酒必须在特拉普修道院内由修道士酿造或在他们的监督下酿造；啤酒厂不以盈利为目的，除去成本外的所有收益将捐赠给慈善机构；啤酒本身的质量必须无可挑剔。在七家指定的特拉普啤酒厂中，六家位于比利时，一家位于荷兰。比利时的特拉普啤酒厂包括阿诗、智美、奥弗、罗斯福、西麦尔和西弗莱特伦。尽管特拉普啤酒厂历史悠久，但这六家位于比利时的特拉普啤酒厂都是在19世纪末或20世纪初开始或重新开始酿造啤酒的。从风格上讲，特拉普啤酒主要有奥弗的黄金艾尔啤酒、西弗莱特伦的金色艾尔啤酒和黑啤、智美的双料艾尔啤酒（"Dubbel" Ale，一种深色的烈酒）和西麦尔的三料艾尔啤酒（"Tripel" Ale，一种金色的烈酒）。所谓的"修道院"啤酒是在商业啤酒厂生产的，这些啤酒厂可能保留也可能没有保留与活跃的修道院机构的联系，最受欢迎的品牌包括莱福啤酒，它采用顶部发酵制成，包括流行的"金色"和"深色"莱福啤酒。莱福啤酒在比利时鲁汶的两家时代啤酒厂酿造，其品牌所

比利时罗斯福修道院的啤酒厂，2007年。

有者百威英博向勒费圣母修道院支付商标使用费。

兰比克啤酒（Lambic）是比利时的另一种特产，被许多国家的精酿啤酒厂纷纷效仿。与特拉普啤酒一样，兰比克啤酒这个称呼有着严格的定义，对生产方法和生产地的地理参数有着严格的要求。兰比克啤酒的典型特征是自然发酵，从传统上来看，这种古老的啤酒主要集中在比利时首都布鲁塞尔周围的帕杰坦伦（*Pajottenland*）地区。兰比克啤酒通常用未发芽的小麦和发芽的大麦酿造而成，并加入大量啤酒花，其中添加的啤酒花往往已经储存了2—3年，与大多数啤酒中使用的啤酒花相比，它的香味更淡，味道也没有那么苦，因为它并不是用来改善风味，而是起防腐作用的。发酵是在广口的浅容器中进行的，天然存在的野生酵母和细菌作用于麦芽汁，在发酵停止之前，液体被倒入木桶中，随着时间的推移，酸度会逐渐增加。因为发酵过程基本上是自然的，而不是科学控制用量，每桶啤酒之间存在显著差异，因此将各桶啤酒混

彼得·勃鲁盖尔:《农民婚礼》(*Peasant Wedding*),1566—1569年。

上头!
啤酒小史

合在一起对于产品的统一性至关重要。

就特征而言，兰比克啤酒味道相当酸，对许多人的味蕾是个不小的挑战，虽然产量相对较少，但正是因为它们独具个性，容易让人回想起那个人们尚未理解发酵的化学原理的原始啤酒酿造时代，而受到许多啤酒爱好者的追捧。许多兰比克啤酒中加入了水果或果汁，如樱桃（克里克啤酒）和覆盆子（山莓啤酒）。另外，"法柔啤酒（Faro）"是一种加了糖的兰比克啤酒，专门为那些受不了兰比克啤酒独特味道的人而设计的。最纯正、最传统的兰比克啤酒被称为贵兹啤酒（Geuze/Gueuze），由新旧兰比克啤酒混合而成，通常是瓶装，持续发酵，因此碳酸化程度较高。

兰比克啤酒通常被归为"野菌啤酒（wild beers）"，这种类型的啤酒还包括法兰德斯红啤（Flanders Red）和法兰德斯棕色艾尔啤酒（Flanders Brown Ale）。法兰德斯红啤采用红色麦芽酿造，在大型木桶中成熟近两年。与兰比克啤酒一样，这种啤酒的特点是乳杆菌

（一种乳酸菌）在发酵过程中发生作用，从而产生一种极具挑战性的带有水果香气的酸味。法兰德斯棕啤（Flanders Brown），有时也被称为"棕色酸啤（Oud Bruin）"，在发酵过程中，乳杆菌也会发生作用，颜色从铜色到深棕色不等。法兰德斯红啤和棕啤通常都是由年限较长的啤酒和较新鲜的啤酒混合而成，其特征取决于两者的比例。

与比利时相关的另一种啤酒是白啤（Witbier），但在德国北部边境也有类似的啤酒。白啤的特点是由小麦制成，有时会掺杂其他谷物，最常见的是加入少许燕麦。从传统上来看，比利时白啤主要集中在鲁汶和福佳，但在20世纪50年代中期，福佳的啤酒酿造走向衰亡，白啤也随之消亡。幸运的是，20世纪60年代，白啤在皮耶·塞利斯的努力下得以复兴，他曾在最后一家福佳白啤厂——汤姆森啤酒厂（Tomsin）工作。如今，福佳白啤品牌归百威英博所有，这款啤酒辛辣、带有柠檬酸味道，非常清爽，主要原料包括小麦、大麦麦芽、啤酒花、芫荽，库拉索啤酒（*Curaçao*），甚至还添加了一种生长在库拉索岛上的柑橘树（lahara fruit）的果皮。尽管一些独立的比利时啤酒厂也小规模生产白啤，但福佳白啤畅销世界。

德国

　　提到德国，啤酒爱好者们肯定会想到慕尼黑。慕尼黑——巴伐利亚州的首府，历史悠久，堪称酿酒的代名词。慕尼黑的第一家啤酒厂早在1269年就成立了，奥古斯都啤酒厂至少可以追溯到1328年，是慕尼黑最古老的啤酒厂。虽然慕尼黑的大多数啤酒厂都已经与大型跨国公司合作或被其并购，但这家啤酒厂目前仍然独立运营。还有一个例外是皇家啤酒屋，归巴伐利亚州所有。

　　除了啤酒厂和朝气蓬勃的当地啤酒文化，慕尼黑也是欧洲最盛大的啤酒年度庆典——慕尼黑啤酒节

慕尼黑啤酒节的卢云堡啤酒馆。

的举办地。该节庆活动每年吸引600万到700万游客，每年消耗高达600万升的巴伐利亚啤酒。1810年，举办第一届慕尼黑啤酒节，庆祝皇储路德维希的婚礼，八年后，喝啤酒才成为这场活动的焦点。今天，人们在喝啤酒时还佐以德国酸菜、香肠、牛尾和其他传统德国美食，促进酒精的代谢。参加慕尼黑啤酒节的当地啤酒厂主要有六家：斯巴腾、奥古斯都、保罗娜、翰克硕、皇家啤酒和卢云堡。

啤酒不仅占据着慕尼黑乃至整个巴伐利亚人的心田，而且德国最南部的16个州都是啤酒酿造原料的重要产区。全球约35%的啤酒花实际上都产自巴伐利亚州，巴伐利亚州还生产品质一流的啤酒酿造用大麦和小麦，其专门用于啤酒酿造的麦芽也备受推崇。从历史的角度来看，在青铜器时代，现在的德国地区就已经出现了啤酒酿造，德国最早的啤酒酿造书面记载出现在罗马时代。与许多地方一样，啤酒酿造是修道院生活的重要组成部分。1040年，魏恒斯特芬的本笃会

慕尼黑皇家啤酒屋的女服务员。

修道院获得许可，开始酿造啤酒。该机构通常被认为是世界上最古老的且一直繁荣发展的啤酒厂。

随着世俗啤酒酿造成长为一个重要的行业，人们制定了纯净法，以确保产品质量，其中最著名的是《啤酒纯净法》或《巴伐利亚啤酒纯净法》。这个词实际上最初是在1918年出现，而该法案的起源可以追溯到巴伐利亚公爵威廉四世于1516年颁布的一项法令，该法令规定在啤酒制造中只能使用水、啤酒花和大麦。今天，巴伐利亚州仍然坚持遵守其特有的、严格的修订版纯净法，根据相关规定，底部发酵啤酒原料只能含有水、酵母、啤酒花和大麦麦芽，顶部发酵啤酒还可以添加小麦麦芽和黑麦麦芽。从广义上讲，德国纯净法更加宽容，在保持巴伐利亚风味的基础上允许添加额外的糖或其他代糖。这两点已经纳入了德国税法。

德国目前是世界第五大啤酒生产国，曾一度仅次于美国。近几十年来，德国国内啤酒消耗量不断下降，在过去30年里下降了近三分之一。啤酒厂的数量已经从2500家左右下降了一半以上，德语中已经出现了"啤酒厂的消亡（*Brauereisterben*）"一词。19世纪，仅柏林就拥有约700家啤酒厂，而现在已减少到十几家。2011年，德国啤酒产量自1990年德国统一以来首次跌破10亿百升大关。

然而，积极的一面是，精酿啤酒领域的蓬勃发展，激起了人们对于传统德国啤酒的兴趣，但随着风格相对统一的皮尔森啤酒占据主导地位，这一势头渐渐被忽略。的确，皮尔森啤酒——最初由巴伐利亚酿酒商约瑟夫·格罗尔在当时的波希米亚，即现在的捷克共和国酿造——占德国市场份额的50%以上。然而，小麦白啤（Weissbier）在巴伐利亚尤为受到追捧，与比利时白啤一样，通常含50%—60%的小麦麦芽。法律规定，小麦白啤的小麦麦芽含量至少为50%，小麦麦芽含量再高一些的被称为小麦博克（Weizenbock），而用深色麦芽酿造的啤酒被称为深色小麦啤（Dunkelweizen）。最著名的德国小麦白啤品牌可能是艾丁格（Erdinger），它是由位于慕尼黑北部埃尔丁的独立啤酒厂——艾丁格啤酒厂所产的。尽管小麦白啤起源于中世纪，传统上被认为是一种引以为豪的经典德国风味啤酒，但在20世纪，小麦白啤的知名度日渐下降，从20世纪70年代开始，才逐渐复兴。小麦白啤现在占巴伐利亚啤酒总销量的三分之一以上，从德国全国范围内来看，这一数字接近10%。

　　另一种德国经典风味啤酒是海莱斯（Helles），与小麦白啤一样，是一种享誉德国的巴伐利亚特产。典型的海莱斯啤酒呈稻草色，含有麦芽渣子，并且味道微苦，是巴伐利亚夏季主要的"季节性"啤酒。与海莱斯一样，德国黑啤（Dunkel）本质上是一种巴伐利亚风味拉格啤酒，只是颜色更深，因此得名。在某种程度上，黑啤在许多地方的地位已经被海莱斯所取代，在慕尼黑啤酒馆和巴伐利亚州一些远离首都的地区才能见到。黑啤由深色麦芽制成，啤酒花的含量适中，并有麦芽、太妃糖和巧克力等多种风味。

小麦白啤、海莱斯和黑啤实际上都不是土生土长的德国啤酒，而德国老式啤酒（Altbier）却起源于杜塞尔多夫市，该地目前仍然是老式啤酒的酿造中心。尽管19世纪中叶，该地有100多家老式啤酒生产厂，但现在的数量已经减少了很多，主要集中在几个大型酿酒厂中。在德语中，"alt"的意思为"老式的"，这说明这是一种传统的啤酒类型，兴起于拉格啤酒流行之前。老式啤酒是一种顶部发酵啤酒，呈古铜色，含有麦芽渣子，味道微苦。

另一种德国本土风味啤酒是科隆啤酒（Kölsch），它也是一种顶部发酵啤酒，产于科隆。这种清爽、芬芳、酒花浓郁的金色啤酒早在1250年就出现在科隆的啤酒酿造记录中，其原料、风味和产地仍然受到科隆啤酒协会的严格约束，该地有10多家啤酒厂仍在生产科隆啤酒。

博克啤酒（Bock）起源于下萨克森州的艾恩贝

克，但今天，它与巴伐利亚的联系更加紧密。"*bock*"的意思是"雄山羊"，瓶标上通常会有一只山羊头，这是一种底部发酵的烈性啤酒，含有麦芽渣子，呈古铜色，传统上被视为冬季特产。在大斋节期间，许多巴伐利亚啤酒厂每年都会生产一种度数更高的博克啤酒——"双料博克（Doppelbock）"。由于这是斋戒时期，该地区的修道士传统上会酿造这种"液体面包"来帮助他们禁食。

烟熏啤酒（Rauchbier）是一种罕见的德式烈性啤酒，带有烟熏的味道，它与法兰克尼亚，特别是班贝格镇密切相关。"*rauch*"的意思是"烟雾"——在烘烤过程中，用风干的山毛榉木来干燥麦芽。这种啤酒泛指所有使用烟熏麦芽酿制的啤酒，但通常指的是普通度数的拉格啤酒。

东德黑啤（Schwarzbier）是用烤麦芽酿造而成的，理想情况下，会使用一定量的慕尼黑麦芽。这是一种底部发酵啤酒，相对干涩，带有烘烤过的黑巧

博克啤酒广告，约1882年。

克力的味道，酒花适中，酒体适中。这种风味的啤酒在统一前的西德已经过时，但在东德一直盛行，两德统一后，东德黑啤在德国啤酒鉴赏家中复兴。

英国和爱尔兰

英国啤酒的起源可以追溯到4世纪，当时，盎格鲁-撒克逊人从现在的德国来到英国海岸，带来了啤酒酿造工艺。与欧洲大陆一样，修道院的蓬勃发展是英国啤酒生产的核心，同时还有谦逊保守的国内啤酒酿造文化。然而，从15世纪开始，啤酒酿造发展成为一个更加正规、更加商业的行业。18世纪，随着工业革命的发展，英国人口性质开始发生改变，大城镇的啤酒厂规模显著增加。

英国人口逐渐增加，越来越多的人迁居城镇。杜松子酒（Gin）日渐低廉，供过于求，许多人终日醉醺醺的，引发了许多健康和社会问题，尤其是女性，因此有了"母亲的毁灭（mother's ruin）"一词。因为啤酒更加健康，人们倡导用啤酒来取代杜松子酒。饮用啤酒也被视为一种支持英国农业的方式，人们对于啤酒的需求迅速提高。在18世纪的啤酒酿造热潮中，许多主要的酿酒厂应运而生，在两个多世纪的时间里，它们已然成为英国啤酒的代名词。这些啤酒厂包括奥尔索普、巴斯·查林顿、勇气、健力士、缪克斯、惠特布雷德、沃辛顿和扬格。

伦敦的大型啤酒厂最初主要生产波特啤酒，特伦特河畔的伯顿主要生产淡色艾尔啤酒。斯塔福德镇的水从石膏岩中渗出，少量石膏因此而溶解，这使得水富含硫酸钙，正是因为硫酸根离子，经典伯顿风味淡色艾尔啤酒具有特有的苦味和干涩。在糖化过程中，钙离子有助于将淀粉转化为糖，在之后的酿造过程中，有助于固体沉淀，从而产生泡沫丰富、颜色清澈的啤酒。

在北部边境，爱丁堡发展成为仅次于特伦特河畔伯顿的英国第二大啤酒酿造中心，这也是出于水质的

克拉肯威尔酒池街缪克斯啤酒厂，1830年。

缘故。这里有一个被称为"魔咒湖(charmed circle)"的地下湖，从亚瑟王座山一直延伸至该地的喷泉桥区，其支流延伸到克雷格米勒，啤酒厂沿着河流逐渐发展起来。苏格兰首府的水质坚硬、富含石膏，是酿造淡色艾尔啤酒的理想之选。到1900年，爱丁堡共有36家啤酒厂，其中最著名的有麦克尤恩、替牌和扬格。克拉克曼南郡的阿洛厄镇也是重要的苏格兰啤酒酿造中心，其中乔治·扬格的格拉斯哥啤酒厂规模最大。在研究《大不列颠与爱尔兰著名酿酒厂巡礼》(*The Noted Breweries of Great Britain and Ireland*, 1889—1891)第二卷时，阿尔弗雷德·巴纳德访问了格拉斯哥啤酒厂，将阿洛厄描述为"苏格兰的伯顿"。

然而，到维多利亚时代晚期，英国的啤酒厂数量逐渐下降，原因有很多，其中最主要的原因是大型啤酒厂致力于全国性的扩张，利用商业实力接管了较小的地区运营商，甚至关闭了他们的啤酒厂，实现了一个理性的兼并过程。西南部拉内利附近的威尔士啤酒

沃辛顿啤酒厂一游，20世纪20年代初。

厂——菲林福尔啤酒厂侥幸存活下来，生产了欧洲第一批以罐装出售的啤酒。值得一提的是，菲林福尔只是一家独立的小型威尔士啤酒酿造企业，仅仅几个月后，美国的罐装啤酒就独自称霸全球了。

尽管菲林福尔设法避开了大型啤酒厂贪婪的魔爪，但总体情况却不容乐观。1840年，英国有5万家啤酒厂，但仅仅40年后，这个数量就减少了一半，到1900年，只剩下不到6500家。1939年，第二次世界大战爆发时，英国啤酒厂总数已锐减至不到600家，在随后的半个世纪中，数量一直在下降。到20世纪70年代后期，六家大型啤酒厂把控了英国的啤酒酿造业（"六巨头"——联合啤酒厂、巴斯·查林顿啤酒厂、勇气啤酒厂、苏格兰&纽卡斯尔啤酒厂、沃特尼·曼恩&杜鲁门啤酒厂和惠特布雷德啤酒厂）。它们玩的"把戏"是标准化，木桶装啤酒开始以惊人的速度消失，取而代之的是金属桶装啤酒，啤酒经过冷却、过滤和巴氏杀菌，然后通过人工加压供给客人。它的保存时间更长，没有了木桶装啤酒的多变性和不可预测性，但也失去了特有的风味。金属桶装啤酒大量上市后，英国饮酒者从此开始钟爱拉格啤酒。

今天，英国的大规模啤酒酿造掌握在四家跨国公司手中，它们是百威英博、嘉士伯、喜力和米勒康胜，品牌所有权和产品标准化的日益集中显然有可能消除英国传统啤酒酿造业遗留下来的许多独特而珍贵的东西。然而，"真麦酒运动组织"的成功令过去30年耳目一新，为全世界的"精酿"啤酒厂提供了一个模板。到2011年，"真麦酒运动组织"成立40周年之时，英国约有800家独立的啤酒厂，其中许多保证了当地啤酒的生存和复兴，为老式啤酒开创了新的口味，在全球巨头大规模生产的啤酒产品之外，为大众提供了更多的替代选择。

也许，与英国明显相关的啤酒风格是英式苦啤（Bitter）。苦啤相对干涩，啤酒花味道浓郁，端上餐桌时大多是微凉的，但又不会冰凉，是一种不错的

"季节性"饮品，在拉格啤酒革命之前，是英国酒吧的传统啤酒，时至今日，苦啤仍有不少追随者。苦啤源于淡色艾尔啤酒，但啤酒花元素被淡化了，首次出现在19世纪中叶。尽管许多地区和精酿啤酒厂都酿制独具风味的苦啤，但最知名的大众品牌是泰特利苦啤（Tetley Bitter）和约翰·史密斯苦啤（John Smith's Bitter），另外还有度数更高、更加复杂的特殊加强型苦啤（Extra Special Bitter, ESB）。

淡色艾尔啤酒本质上是一个通用术语，泛指苦啤、IPA和其他由淡色麦芽制成的顶部发酵啤酒，而英国的淡色艾尔啤酒最早是在17世纪中叶酿造的。IPA的强度和啤酒花的影响力相对较高，这两者都赋予它出色的"保存"特性，使其能够在漫长的海上航行中长久保存，供派驻到印度的士兵和流亡者以及大英帝国其他哨所的士兵解渴。在20世纪的大部分时间里，随着大英帝国时代成为过去，IPA在英国的流行度下降，但近年来，这种风格受到了精酿啤酒运动的青睐。

伦敦奇斯韦尔大街惠特布雷德啤酒厂麦芽塔，1915年。

上头！
啤酒小史

与IPA一样，英式淡啤（Mild）也是一种独特的英国风味啤酒，在20世纪逐渐没落，IPA经历了某种复兴，但淡啤仍然只受到少数人的追捧。淡啤现在通常指的是一种深色、低强度、啤酒花含量非常少的啤酒，最初是一种相对新鲜、味道温和的风味啤酒。直到20世纪中叶，因为价格适中，淡啤与苦啤一样受欢迎，在工薪阶层和城市人口中拥有大量的追随者。然而，正是在那个庞大的"粉丝群"中，淡啤消亡的种子悄悄埋下，因为英国的每个人似乎都突然渴望成为中产阶级，没有人希望在喝酒时让人联想到戴着布帽、牵着威比特犬出现在酒吧的老男人。值得庆幸的是，英国和其他国家的精酿啤酒厂都接受了淡啤，尽管接受度不高，但这位"老兵"至少还健在。

近年来，世涛啤酒也受到小型啤酒厂的青睐，但大部分销售额仍然来源于爱尔兰主流啤酒生产商，即健力士、墨菲和比米斯。"爱尔兰世涛（Irish/Dry Stout）"的颜色几乎是黑色的，由一定比例的烤麦芽制成，味道干爽，类似咖啡。世涛啤酒起源于波特黑啤，它最初被称为"世涛波特啤酒（Stout Porter）"，这说明这款啤酒很烈。在将其与我们现在所说的爱尔兰和爱尔兰式啤酒联系在一起之前，它一直泛指所有烈性啤酒。对许多人来说，世涛啤酒指的就是健力士黑啤（Guinness），这款啤酒在都柏林蓬勃发展，部分原因是都柏林的水非常适合酿造黑啤酒。尽管爱尔兰没有避开20世纪下半叶的啤酒革命，但直到19世纪80年代，圣詹姆士门的都柏林健力士啤酒厂一直是世界上最大的啤酒厂，健力士也成功地将自己打造成令年轻人感到自豪的传统饮品。由于其母公司——帝亚吉欧的营销实力和影响力，健力士还在全球拥有了不少追随者。

世涛啤酒还包括燕麦世涛（Oatmeal Stout），是将一定比例的燕麦加入大麦麦芽中，从而产生多层次的口感。在维多利亚时代，燕麦世涛曾风靡一时，非常畅销，因为人们普遍认为它营养丰富，有利于病人

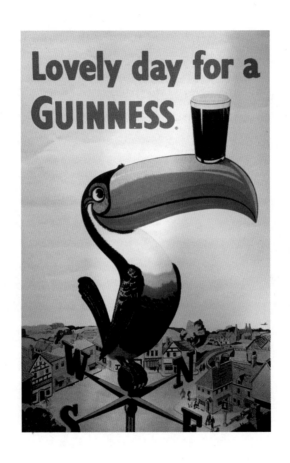

健力士啤酒海报，20世纪20年代。

的恢复。"世涛啤酒家族"还有一个成员是帝国世涛（Imperial Stout），又叫作"俄罗斯帝国世涛"，它产生于18世纪的伦敦，当时是作为一种非常强劲的波特啤酒出口，尤其是出口到波罗的海国家。据说，俄罗斯女皇凯瑟琳大帝尤为喜爱这款啤酒。

大麦烈酒（Barley wine）起源于18世纪那些大洋房里的私人酿酒厂，其受欢迎程度比帝国世涛还要高。大麦烈酒起初用深色麦芽酿造而成，后来，随着大麦烈酒逐渐商业化，淡色麦芽开始占据主导地位，对于这种相对昂贵的啤酒而言，一个重要的特点就是成熟期较长。大麦烈酒味道甘甜、浓郁，带有水果的味道。大麦烈酒与老式艾尔或烈性艾尔密切相关，与传统的大麦烈酒一样，其酿造过程仅采用了最先流出来的那部分麦芽浆，因此味道非常浓烈。人们通常将数月甚至数年前储存在木桶中的陈啤与更新鲜的啤酒混合在一起，以创造出丰富、复杂和更有活力的产品。现代的老式艾尔的熟化期往往比以前的老式艾尔短，该术语通常仅用来指代酒体饱满、味道甘甜、颜色较深和强度更高的冬季季节性啤酒。

苏格兰特有的一个啤酒术语是"重型啤酒（heavy）"，它本质上只是一种中等强度的苦啤，更强的版本被称为"出口型（export）"或"特殊型（special）"，还有"苏格兰烈啤（Wee Heavy）"，酒精度（ABV）通常在7%以上。从历史上看，苏格兰啤酒的酒花度往往不如英国啤酒，这主要是因为苏格兰的啤酒厂和啤酒花种植区之间距离很远。苏格兰还以使用"先令"这一术语来表示啤酒强度而著称。该方式是在1880年引入啤酒税（Beer Duty）后开始使用的，"先令"最初是指每桶啤酒的税前价格，但随着时间的推移，变为了啤酒强度和类型的指标，淡色艾尔啤酒是50—60先令，而"出口型"是70—80先令。最常见的是80先令的加里东（Caledonian），产于爱丁堡最后一家幸存的全规模啤酒厂。

美国

在16世纪末17世纪初，欧洲定居者将啤酒酿造工艺带到了新大陆，早在1620年，现在的纽约便建立了一家商业啤酒厂。在17世纪余下的时间里，专业啤酒厂如雨后春笋般遍布美国，开创了一个全国性的行业。然而，英国殖民者和那些有着雄厚啤酒酿造基础的英国后裔并没有发挥应有的作用。相反，19世纪30年代，大量德国移民开始涌入美国，推动了美国啤酒酿造业的蓬勃发展。

美国的啤酒厂一直生产艾尔啤酒和波特啤酒，直到1840年，约翰·瓦格纳从巴伐利亚州来到费城，带来了一种用于酿造拉格啤酒的底部发酵酵母。很快，拉格啤酒便取代了艾尔啤酒和波特啤酒，成为大多数美国人的新宠，这在很大程度上归功于日耳曼人口的增长。在19世纪，共有大约800万德国人在美国定居。德国人创办了许多大型美国啤酒厂，他们在20世纪一直

费城啤酒厂，约1870年。

主导着美国整个啤酒酿造产业，并且以这样或那样的形式一直存续至今。

　　例如，1842年，艾伯哈德·安海斯将其在西德的巴特克罗伊茨纳赫啤酒厂迁至美国，落户在密苏里州的圣路易斯。他靠自己创办的肥皂厂起家。当一位实力雄厚的贷款人无力偿还安海斯的债务时，便将啤酒厂抵给了他，安海斯因此进入啤酒酿造行业。从此，这家巴伐利亚啤酒厂更名为安海斯啤酒厂。1861年3月，安海斯的女儿嫁给了美因茨的阿道弗斯·布希，布希拥有一家酿酒原料供应公司。显然，这场婚姻可谓天作之合，布希顺理成章地承袭了岳父的生意，最终这家啤酒厂变成了现在的安海斯-布希啤酒厂。1876年，安海斯-布希啤酒厂推出了其捷克风格的百威啤酒品牌。如今，这家著名的老啤酒厂只是世界上最大的啤酒公司——百威英博的一部分。百威英博总部位于比利时，但其在美国拥有十几家啤酒厂，年产量接近1亿桶，占美国国内啤酒消耗总量的近一半。但一场关

密苏里州圣路易斯百老汇和佩斯塔洛齐的
安海斯-布希啤酒厂，约1900年。

于百威品牌所有者的争执已经在美国持续了一个多世纪。百威啤酒品牌和在捷克共和国百威市生产的捷克百威（Budweiser Budvar）都在使用"百威"这个名字，但双方已经达成了某种和解。

与此同时，1868年，另一位德国人——阿道夫·康胜移居美国，并于四年后最终定居在科罗拉多州的丹佛市。与艾伯哈德·安海斯不同，康胜是一名职业酿酒师，他在家乡就拥有充足的啤酒酿造经验，并在落基山脉脚下的杰斐逊县戈尔登镇与一位名叫雅各布·舒勒的人合伙创办了一家啤酒厂。1880年，他买断了合伙人的产权，这家啤酒厂改名为阿道夫·康胜戈尔登啤酒厂（Adolph Coors Golden Brewery）。20世纪80年代，康胜在西部腹地各州扩展开来，业务遍布美国。2002年，康胜拿到了特伦特河畔伯顿的巴斯啤酒厂在英国的啤酒酿造权，三年后又与加拿大摩森啤酒厂合并。位于科罗拉多州金城的康胜啤酒厂是世界上最大的啤酒厂，年产量约为百万桶。

自2008年以来，康胜与萨博米勒（SABMiller）成立了一家名为米勒康胜（MillerCoors）的合资企业，在美国开展业务。米勒啤酒厂也是由德国移民创办的。1854年，弗雷德里克·米勒从里德林根来到美国，并于次年收购了威斯康星州密尔沃基附近的一家啤酒厂。最终，米勒啤酒品牌——主要是米勒淡啤（Miller Lite）——第一个取得商业成功的低热量啤酒成为美国国内市场仅次于百威的第二畅销品牌，并于2002年被南非啤酒集团（SAB）收购，从而成为萨博米勒。米勒在美国的六个州设立了啤酒厂，密尔沃基的"米勒谷（Miller Valley）"仍然是"品牌之家"，这里保留了最初的普兰克路啤酒厂（Plank Road brewery）原型，是一个知名旅游景点。密尔沃基也是约瑟夫·施利茨啤酒厂（Joseph Schlitz Brewing Company）的所在地，该啤酒厂曾经一度是世界上最大的啤酒生产商。1968年，杰瑞·李·刘易斯以其广告"让密尔沃基出名的啤酒"为灵感，创作了一首与啤酒相关的流行

百威啤酒在华盛顿特区交货，20世纪20年代。

密尔沃基帕布斯特啤酒厂（Great Pabst Brewery），1909年（1844年时的啤酒厂如左上角所示）。

歌曲——《是什么让密尔沃基出名的？》（*What Made Milwaukee Famous?*），风行一时，后来被洛·史都华成功翻唱。

20世纪，美国啤酒厂经历了一场欧洲啤酒厂未能经历的危机，即禁酒令的实施。小范围的酒精生产禁令可以追溯到1850年。当时，缅因州"一滴酒都没有了"，但在1920年1月，《禁酒法案》生效，美国禁酒，当时美国有近1200家啤酒厂。在禁酒令期间，啤酒厂被迫多元化以维持生计，例如康胜开始生产无酒精啤酒和麦芽奶，百威英博也开始生产无酒精啤酒和冷藏柜。许多啤酒厂还生产酒精度为0.5%的"淡啤"。1933年，禁酒令解除，啤酒酿造产业复兴，康胜啤酒厂于1933年4月7日午夜——酒精生产再次合法化的那一刻重新开始生产啤酒。然而，三年后，只有700家啤酒厂在运转。啤酒厂数量在禁酒令废除后的半个世纪内继续急剧下降，主要是因为像世界各地的制造业一样，啤酒厂开始进行所有权的兼并，到1984年，

红带轻型啤酒（Red Stripe Light）。虽然
这是一个著名的牙买加品牌，但红带公司
起源于伊利诺伊州的加莱纳，现在是帝亚
吉欧旗下品牌。

只有83家啤酒厂营业。对于一个啤酒消耗量上升，且总人口约为2.22亿的国家来说，这是一个非常低的数量。

虽然百威英博和萨博米勒生产的啤酒在美国国内啤酒消耗总量中占的比例非常高，但近年来，啤酒行业的一个突出特点便是精酿啤酒运动的蓬勃发展，市面上充斥着为数不多的几个啤酒品牌，而这些品牌皆平淡无味，引起了人们的反感。弗利茨·梅塔格是早期的一位精酿啤酒先驱，他于1965年收购了旧金山濒临破产的铁锚啤酒公司（Anchor Brewing Company），继而开始复兴铁锚蒸汽啤酒（Anchor Steam Beer）。这是一款在浅口的开放式发酵罐中发酵的啤酒，起源于1896年。1971年，梅塔格首次生产瓶装铁锚蒸汽啤酒。很快，其他小规模的独立酿酒商也开始纷纷效仿梅塔格，"涓涓细流"最终变成了名副其实的"洪水"，到1990年，运营中的啤酒厂数量是10多年前的三倍。如今，已增至1700家左右，因为美国的饮酒者希望寻

禁酒令期间，749箱（1.8万瓶）啤酒在哥伦比亚特区被销毁，1923年。

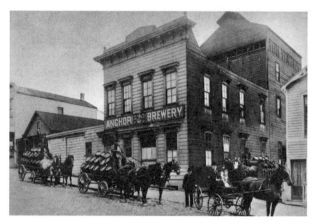

旧金山铁锚啤酒厂，约1905年。

上头！
啤酒小史

求与平时的"百威啤酒"或"米勒淡啤"略有不同的东西，因此精酿啤酒占美国啤酒销量的5%左右，进口啤酒占13%。

美国的精酿啤酒厂主打粗犷而大胆的风味，其灵感大多来自欧洲，现在有几家专门的比利时风格啤酒厂，许多精酿啤酒厂还致力于创新和实验。最极端时，也生产了一些稀奇古怪的啤酒。例如，剑桥啤酒公司的波士顿啤酒餐厅生产的一种啤酒，在纳帕谷法国橡木酒桶中陈酿了一年之久，竟然还添加了葡萄和杏！

其他国家

世界上几乎所有国家都在酿造啤酒，啤酒生产大国和啤酒消费大国的"排行榜"上总是出现一些惊喜。在引领世界数十年之后，美国现在已经落后于中国，屈居第二位。确实，中国现在占全球啤酒市场的近25%。中国目前有500多家啤酒厂，其中最主要的几个啤酒制造商往往选择与大型的海外啤酒公司建立合资企业。然而，有些大型海外啤酒公司，如嘉士伯，在中国拥有或部分拥有至少40多家啤酒厂，正凭借自身实力在中国啤酒市场进行大规模投资，而且嘉士伯与中国的联系由来已久，1876年便向中国出口啤酒。

在全球啤酒消费排行榜上排名第三的是巴西。近年来，巴西精酿啤酒革命热情高涨，虽然百威英博占巴西啤酒消耗量的三分之二，但巴西目前约有100家精酿啤酒厂。1634年，荷兰殖民者将啤酒酿造工艺带到了巴西。排在巴西之后的有俄罗斯，其啤酒市场由嘉士伯旗下的波罗的海（Baltika）啤酒厂主导，俄罗斯目前有10多家波罗的海啤酒厂，以莫斯科和圣彼得堡为主要枢纽。

虽然捷克共和国在啤酒消费统计中仅排在第23位，但其拥有约125家啤酒厂，人均年消耗量为160升，

上图: 泰国胜狮啤酒(Singha)。

左图: 日本札幌啤酒(Sapporo)。

皮尔森博世纳啤酒厂（Prazdroj Brewery）入口。

是美国的两倍。捷克共和国作为皮尔森啤酒风格的发源地，在啤酒酿造领域占有重要的历史地位。

澳大利亚的啤酒酿造传统与英国有着深厚的渊源。19世纪，许多大型本土啤酒厂开始活跃起来。如今，澳大利亚啤酒市场的巨头是卡尔顿联合啤酒厂（Carlton United Brewers），拥有维多利亚苦啤（Victoria Bitter）和福斯特啤酒（Foster's）等标志性品牌，后者的历史可以追溯到1888年，当时墨尔本的两个美国兄弟——威廉·福斯特（William Foster）和拉尔夫·福斯特（Ralph Foster）开始酿造啤酒。卡尔顿联合啤酒厂也归萨博米勒所有。与福斯特一样，另一个著名的澳大利亚啤酒品牌是悉尼的图希（Tooheys），创建于1860年。如今，图希隶属于日本饮料公司麒麟控股（Kirin Holdings Company Ltd）旗下的雄狮内森国家食品（Lion Nathan National Foods），雄狮内森负责其明星产品——四X苦啤（Castlemaine XXXX），产于布里斯班。

南非比勒陀利亚城堡啤酒厂，19世纪末。

哥本哈根嘉士伯啤酒厂的大象塔。

墨西哥的啤酒酿造业主要由莫德罗集团（*Grupo Modelo*，归百威英博所有）和墨西哥喜力（Heineken Mexico，前身为*FEMSA Cerveza*）主导。这两家公司主要生产皮尔森风格的啤酒，与在美国边境占主导地位的啤酒非常相似。但从历史上看，墨西哥的啤酒酿造业受到了奥地利和德国的影响——墨西哥皇帝马西米连诺一世（1864—1867在位）出生于奥地利；许多奥地利人和德国人在墨西哥定居，带来了啤酒酿造技术，发挥了重大作用。20世纪初，墨西哥有约35家啤酒厂，但在19世纪，墨西哥也经历了全世界啤酒酿造业标志性的企业兼并热潮。

丹麦、挪威和瑞典等斯堪的纳维亚国家因为地理位置偏北，无法栽培葡萄，本土也没有喝葡萄酒的传统，因此都发展出了迷人的啤酒酿造传统。丹麦的啤酒酿造据说可以追溯到公元前1370年左右。中世纪，丹麦拥有浓厚的修道院啤酒酿造文化。17世纪末，首都哥本哈根拥有大约140家啤酒厂。1847年，嘉士伯啤酒厂成立，丹麦兴起了饮用拉格啤酒的文化，而随着精酿啤酒行业的蓬勃发展，拉格啤酒的势头才有所减弱。

挪威的啤酒酿造可以追溯到13世纪初。17—18世纪，地主必须酿造啤酒。挪威的商业啤酒酿造晚于丹麦，实际上在19世纪上半叶才开始，但到1857年，挪威就已经拥有350多家啤酒厂。直到第二次世界大战之后，皮尔森啤酒占据主导地位，深色的巴伐利亚式拉格啤酒一直广受欢迎。

在现在的瑞典，人们早在北欧青铜时代（公元前1700—前500）就已经开始酿造啤酒了。1100年左右首次引入啤酒花，1442—1734年，法律要求农民种植啤酒花，以便减少对进口的依赖。与许多其他国家一样，拉格啤酒从19世纪中叶开始成为瑞典啤酒酿造的主流。

6

干 杯

由于喝啤酒的消遣方式和与之相关的公共娱乐由来已久，世界各地不可避免地发展出了一系列相关的传统、习俗、仪式和实践，其中一些成为国际惯例，还有一些成为地方特色。喝啤酒的地方也有很大差异，说到喝啤酒，没有哪里能比得上英国的酒吧。

根据弗雷德里克·哈克伍德（Frederick Hackwood）在《旧英格兰的酒馆、啤酒和饮酒习俗》（*Inns, Ales and Drinking Customs of Old England*, 1909）中的说法，"可以肯定的是，在文明刚刚萌芽之时，酒馆就已经出现在这个国家了"。他指出，在43年后，罗马人抵达不列颠并启动了他们著名的修路计划时，他们在路边修建了"人和马匹的娱乐场所，相当于罗马人的路边酒馆，也是早期英国路边酒馆的原型……在英国，相当于饮楼（drinking-shop）的酒馆直到英国民族出现

圣奥尔本斯的老斗鸡酒馆（Ye Olde Fighting Cocks），
20世纪30年代。英格兰最古老的公共酒吧经常使用公
鸡的形象。

上头！
啤酒小史

才建立"。他注意到，到7世纪，英国已经出现了麦芽酒屋，而肯特国王埃特尔伯特（Æthelbert）616年颁布的"法律"中就已经包含了对"麦芽酒屋"的相关规定。

据1577年的人口普查记载，英格兰和威尔士共有19759家酒馆和麦芽酒屋。当时的总人口为370万，这相当于每家可以为约187人提供"茶点"，这个数量非同凡响。哈克伍德指出，1603年，即国王詹姆斯一世在位的第一年，曾通过一项法案，将"酒馆、麦芽酒屋和食品屋的原始、真实和主要用途"定义为"为旅行、游历的人提供观光、休息和住宿的地方，并满足无法获得充足食物的人的需求"。其序言中规定，这些酒馆"并不是娱乐场所，也不是懒汉的栖身之所，不得通过宿醉来消磨时间，挥霍金钱"。

在维多利亚时代，许多酿酒商开始购买自己的零售店，而不是向独立的许可人出售啤酒。这种"酒厂直营"的概念随着酿酒商之间的激烈竞争而发展起来。拥有直营门店可以保障销售量，除了购买现有的酒吧（public houses）之外，酿酒商还开始自行修建，新酒吧往往设计得相当宏伟和奢华。1886—1900年，至少有234家酿酒商成功公开筹集资金，主要是为收购或建造酒吧。

在20世纪，直到第二次世界大战之后，英国的酒吧几乎没有发生什么变化。20世纪60至70年代，酿酒商意识到他们需要吸引更多的人来酒吧消费，尤其是吸引普通的饮酒者。食物、娱乐和整体氛围开始变得比所提供的啤酒种类和质量更重要。近年来，随着社会习惯的改变，尽管引进了更加宽松的许可法，允许酒吧全天营业，但许多酒吧的生存依然受到了威胁，特别是在农村地区。

过去30年的一个显著发展是许多大型啤酒酿造公司从"垂直整合"运营中抽身出来，将核心市场放在管理或"租赁"酒吧上。巴斯和惠特布雷德等知名品牌以及许多地区的酿酒商已经完全放弃了啤酒酿

上头！
啤酒小史

造，只专注于经营获得许可的场所和其他休闲场所。它们的啤酒和拉格啤酒现在由第三方根据合同为它们酿造，从而打破了品牌与地区之间的历史联系。所谓的"酒吧公司（pub companies）"随之兴起，它们现在几乎已经取代了酿酒商，成为英国主要的啤酒零售商。目前最大的两家运营商是普塔姆斯（Punch Taverns）和商业酒馆（Enterprise Inn），每家都拥有超过6000个经营场所。

目前，英国运营中的酒吧大约有5.7万家。其中，酒吧公司和地区酿酒商拥有大约3万家，虽然5.7万家可能看起来很多，但在2012年，英国特许经营场所以每周25家的速度迅速倒闭，农村地区的情况尤其糟糕。除了大量的廉价超市啤酒、更先进的家庭娱乐系统和酒后驾驶法之外，2007年，英格兰、威尔士和北爱尔兰实施禁烟令，一年后禁烟令在苏格兰成为法律，严重阻碍了酒吧的蓬勃发展。这个问题不仅局限于英国，啤酒消费大国——德国的啤酒消费水平全面下降，饮酒场所也不再像以往那样熙熙攘攘。慕尼黑最大的啤酒馆——马特（*Mathäser*）曾拥有5000个座位，但现在它已被拆除，取而代之的是一个多元化影院。2011年3月，克里斯缇安·德韦内德蒂（*Christian DeBenedetti*）发表了一篇专题文章：

如今，德国著名的酿酒城镇和豪华的老酒馆让人感觉像是养老院。今天，德国南部（德国全国一半以上的啤酒厂都位于德国南部）的游客很少能找到几个狂热的年轻啤酒爱好者，就像当年人满为患的哥本哈根、布鲁塞尔、伦敦、纽约、波特兰，甚至罗马的精酿酒吧那样。虽然去年秋天第200届慕尼黑啤酒节确实比以往任何时候都更盛大，但用慕尼黑啤酒节来衡量德国啤酒文化的繁荣程度就像用迪士尼世界的入场人数来衡量美国电影的发展程度一样。慕尼黑啤酒节曾是一个高雅的庆典盛会，但现在却是一团糟，充斥着俗气的嘉年华游乐设施和大量诸如夏威夷潘趣酒（Punch）的廉价啤酒。

德国不来梅啤酒屋，20世纪50年代。

与慕尼黑啤酒节一样享誉国际的是慕尼黑的皇家啤酒屋（*Hofbräuhaus am Platzl*）——世界上最著名的啤酒馆或酒窖。"*Hofbräuhaus*"译为"皇家啤酒屋"，这是巴伐利亚的一家州立啤酒屋，其历史可以追溯到1589年，当时威廉五世下令在皇家住所遗址上建造啤酒厂。1607年，马克西米利安一世在现在的皇家啤酒屋所在地建造了一家啤酒厂，专门生产小麦白啤，在1828年成为啤酒厂的"标杆"。

啤酒屋里有长长的公共餐桌，提供当地的肉类菜肴，还有传统的家庭乐队，是巴伐利亚流行文化中一个历史悠久的元素，而慕尼黑的皇家啤酒屋在德国的政治文化中也发挥了重要作用。官方网站指出，莫扎特和列宁是这里的常客，但其并没有提到阿道夫·希特勒及其纳粹支持者经常在这里以及其他慕尼黑啤酒馆来宣传政策，招待客人。另外，1923年，希特勒试图夺取政权的"啤酒馆政变"就发生在慕尼黑东部的贝格勃劳凯勒啤酒馆（*Bürgerbräukeller*）。

皇家啤酒屋式的日耳曼啤酒风格在大众心中留下了深深的烙印，以至于它在德国及其他地区催生了一系列品牌啤酒馆，美国的精酿啤酒吧甚至都拥有酿造皇家啤酒的许可权。除了啤酒馆之外，德国人喝啤酒的另一个显著特点体现在啤酒花园中，尽管实际上它最初出现于19世纪中叶的美国，但现在已经成为全世界啤酒消费的流行元素。纽约市现存最古老的啤酒花园是建于1919年的波希米亚大厅啤酒花园（Bohemian Hall and Beer Garden）。世界上最大的啤酒花园是慕尼黑的鹿苑啤酒花园（*Hirschgarten*），可容纳8000人，提供多种啤酒。

虽然啤酒花园在19世纪随着大量德国移民的涌入而出现在美国，但这个国家的饮酒场所历史悠久，并且一直在演变。在17世纪以后的殖民时代，人们主要在小酒馆饮酒，那里没有阶级之分，是聚会、寻找茶点的文明场所。小酒馆也欢迎妇女，甚至儿童，除了酒水，小酒馆通常还提供住宿和食物。环境最好的小酒

慕尼黑皇家啤酒屋，1905年。

一家美国酒吧，20世纪初。

上头！
啤酒小史

馆还有大厅和吧台，它们还经常扮演当地非正式社交场所的角色。

19世纪下半叶，美国边境逐渐向西扩张，随着电影的发展，我们都熟悉的那种"狂野西部"沙龙酒吧逐渐兴起。边境小镇的沙龙酒吧完全不像东部的小酒馆那么国际化，通常没有女士出入，只为男士提供各种小菜，供其娱乐消遣，只有更高档的场所才会提供餐点，出租房间。禁酒令时期（1920—1933）催生了另一种饮酒场所，即非法的"地下酒吧"，之所以这么命名是因为人们在这里总是低声谈论，以免暴露他们的身份和位置，许多人与有组织犯罪密切相关。这里的酒水通常非常昂贵。然而，与过去的沙龙酒吧不同的是，地下酒吧气氛暧昧，女性经常出现在这里，大部分酒品质量非常差，因为它们往往提供鸡尾酒来稍作掩饰。

饮酒习惯

喝啤酒的场所就先介绍这些，下面谈谈随之发展起来的许多饮酒习惯。

英国和澳大利亚特有的一种啤酒饮用习惯是"轮流"购买，有时在澳大利亚被称为"请客（shouts）"——一群人在喝酒的时候，每个人轮流为其他人买酒。轮到你时，你不去买酒是一种非常恶劣的行为。人们认为，轮流买酒的概念可以追溯到亚瑟王传说和著名的民主圆桌会议，骑士应该围坐在圆桌周围。第一次世界大战期间，英国一些地方禁止轮流买酒，因为据说当士兵们在前线战斗时，这样做无异于是鼓励过度消费。1916年，澳大利亚也曾试图解决酗酒问题，下午6点以后禁止销售酒类。这导致澳大利亚的酒徒在下班后就立刻冲向酒吧，以便在规定时间前尽可能地多喝一点儿，当时的情形实在无益于教化。奇怪的是，这项法规一直持续到20世纪60年代末。

当轮流买酒的习惯在英国和澳大利亚盛行时，大多数其他国家都开始采用"记账(tab)"的方法，即喝酒时一直记账，结束时一次性结清。在美国，酒吧里的顾客可能会三三两两地坐在一起，而德国人则喜欢在喝酒时社交，只要有人腾出地方，他们通常就会选择围坐在公共大长桌旁。

虽然，中国人曾经几乎不知晓喝啤酒——60多年前，每个中国人年均消耗半瓶啤酒，但到2007年，每个中国成年人每年消耗近103瓶啤酒，相关啤酒饮用习惯随之发展起来。中国人有一种饮酒习惯叫作"干杯(*gam bei*)"，意思是"把杯中的酒全部喝完"，这种习惯也广泛应用于啤酒，如果主人或领导说"干杯"——实际上是一种类似于"cheers"的祝酒词，那么剩下的客人或团体成员必须将杯中的酒喝光。按照相关喝酒礼仪，如果敬酒用的是啤酒，那么聚会上的所有人喝的也必须是啤酒，换成另一种酒，如葡萄酒，这是一种不礼貌的行为。在中国开始掌握啤酒饮用艺

爱德华·马奈：《咖啡馆》（*At the Café*），约1879年。

术的同时，日本人则选择通过技术创新来提高啤酒饮用体验，在这方面领先的是啤酒制造商朝日。创新技术包括室温下快速冷却啤酒瓶的方法，将玻璃瓶倾斜到最佳角度以提高灌装效率的机器，甚至还有机器人调酒师。

在秘鲁的各座城市，起源于古安第斯文化的啤酒饮用习惯在年轻人群体中仍然盛行。在周日清晨的一场足球比赛之后，这群人来到酒吧，点的第一瓶啤酒通常是当地的晶纯啤酒（Cristal），买酒的通常是一个人，他还会得到一个杯子。他将酒倒满玻璃杯后便把酒瓶递给右边的人，将玻璃杯里的酒喝完后将酒渣倒在地上，再把杯子递给拿着酒瓶的人，以此类推。把酒渣倒在地上不但可以顺势为下一位喝酒的人清洗一下杯子，也保留了安第斯人向大地母亲致敬的古老传统。共用一个杯子充分体现了聚会之人关系密切。今天，尽管这种特殊的喝啤酒方式仍然存在于利马和其他秘鲁人之中，但许多年轻的饮酒者并没有意识到这种习俗的历史和文化意义。

更多"主流"的饮酒习惯还包括"雅德啤酒杯（yard of ale）"，在英国和美国，这种习俗由来已久。雅德啤酒杯约有一码（90多厘米）长，杯口呈漏斗状，底部是个圆球状的容器，喝啤酒时要一口气喝下三品脱。该容器起源于17世纪的英格兰；一个合理的解释是，啤酒杯里装满麦芽酒，然后从窗户递给稍作停留的马车车夫，他不用下车便可以迅速解渴。

在德国，有一个类似的公共习俗，被称为"靴子啤酒杯（*Stiefeltrinken*）"。人们围坐在桌子周围，一个装着1—2升啤酒的玻璃靴子从一个人传到另一个人，每个人喝酒时都高高举起靴子，然后大口地喝下去，再传递下去。当啤酒的水平线低于靴子的"脚踝"时，空气就会灌进去，将啤酒喷到喝酒不小心的人脸上。显然，诀窍在于，当空气进入后，立即降低靴子尖，而不要将嘴从靴子边缘移开。最终未能防止啤酒溢出的人为下一杯啤酒买单。

上头！
啤酒小史

饮酒容器

虽然玻璃制造工艺早在公元前7世纪就已经出现，但玻璃器皿的大规模生产实际上是在工业革命中才出现的，因此，虽然啤酒有着悠久的历史，但相对来说，玻璃酒杯（无论是雅德啤酒杯还是靴子啤酒杯）的使用更加现代。当然，对于外行来说，似乎只要容器不容易泄露便可以用来喝啤酒，但事实并非如此。英国人与大多数啤酒饮用者的不同之处在于他们一直使用英制测量方法，主流的啤酒杯仍然是品脱（1.2美制品脱/568毫升）和半品脱玻璃杯，但近年来，一些酒吧已经引入了三分之一品脱玻璃杯，来吸引更喜欢接受新事物的年轻人品尝品种更丰富的精酿啤酒——可能是由3杯不同品牌或风格的三分之一品脱啤酒组成的套装。这种"套装"在美国也很受欢迎，但对于英国以外的人来说，事情有点混乱，因为美制品脱被定义为473毫升或0.8英制品脱。从传统上来看，品脱玻璃杯有"直杯（straight）"和"单柄大酒杯（tankard）"两种，苏格兰和英国北部的饮酒者经常将单柄大酒杯视为一种"矫揉造作"的南方容器，而不是"真正的男人"的酒杯。

德国长期以来一直使用一品脱的啤酒杯（stein）——最初由粗陶器制成，但现在由玻璃制成，容量为1升。然而，这些现在主要出现在接待游客的啤酒花园和啤酒馆，游客在德国的啤酒中心——巴伐利亚时经常购买这种酒杯作为纪念品。一般来说，与大多数喝啤酒的人相比，德国和比利时人对这些玻璃器皿更为讲究，他们会将玻璃杯与喝的啤酒进行搭配。事实上，在德国科隆市，科隆啤酒——根据法律，这种啤酒只能在科隆地区酿造——需要保持在10℃左右，盛在细长的0.2升圆柱形玻璃杯中，被称为"直身杯（stange或pole）"。

比利时酒吧也以套餐的形式供应博克啤酒、法柔啤酒、贵兹啤酒或兰比克啤酒，在展示颜色的同时保持

上头！
啤酒小史

德国传统啤酒杯。

矮胖老人托比啤酒杯（Toby jug）和德国纪念啤酒杯。陶瓷托比啤酒杯最早
出现在18世纪60年代的斯塔福德郡。这个名字的由来颇具争议，但有人说
"托比"是以莎士比亚《第十二夜》（*Twelfth Night*）中托比·培尔契爵士的
名字来命名的。

碳酸饱和,深色艾尔、双料艾尔或三料艾尔啤酒通常装在高脚杯中,因为它既可以保留啤酒上层的浮沫,又可以痛快地畅饮。皮尔森和白啤通常盛在细长的锥形"皮尔森"玻璃杯中,既可以展示其透明度和碳酸饱和,又可以保留上层的浮沫。例子不胜枚举,但重点是,将啤酒与适当的玻璃杯搭配可以提高喝酒的体验感,并不是一时兴起或矫揉造作。让啤酒饮用者感到高兴的是,越来越多的机构,尤其是在美国,正逐渐意识到使用不同风格玻璃器皿的优点。

啤酒和食物

许多人都有这样的经验——喝啤酒会增加食欲,但几个世纪以来,啤酒一直被视为"穷人的饮料",一种仅仅用来解渴的日常酒精饮料。虽然葡萄酒搭配美食的传统历史悠久,但直到最近几年,许多国家才开始用啤酒搭配精致的美食。与此同时,威士忌也已成

上图:品脱啤酒杯,与英国啤酒
相关的必备容器。

左图:比利时玻璃啤酒杯,风格
多种多样。

文森特·梵高:《铃鼓咖啡馆的女人》(*Woman in the Café Tambourin*), 1887年。

为一种搭配选择，而且越来越多的人已经开始接受随性的食物和饮料搭配。

啤酒和食物的搭配是一种常识，因为从远古时代起，啤酒就与其他生活必需品——面包和奶酪一起食用。啤酒可以搭配任何东西，从一包猪肉脯或奶酪洋葱薯片到七道菜的宴会，"精致的美食"不一定意味着昂贵和过于烦琐，而是所有正宗的地方美食——就像最好的啤酒本身一样。

传统的德国早午餐是小麦白啤和香肠，重视啤酒的国家都有将啤酒与一系列膳食搭配在一起的悠久历史，最著名的是比利时和德国。然而，其他国家也开始效仿，专门的啤酒菜单甚至啤酒侍酒师在英国各地的餐馆中越来越普遍。随着多种多样的精酿啤酒为厨师和菜单制定者提供了巨大的创新空间，啤酒和食物搭配的艺术得到了提升。实际上，由于成分的多样性，与葡萄酒相比，啤酒的风味更加多变，而且啤酒酿造与烹饪有更多的共同点。啤酒可以是口味醇厚、麦芽香气浓郁的甜味啤酒，也可以是酒体轻盈、啤酒花味道较重的苦味啤酒，在两者之间还可以有许多变化。

在搭配啤酒和食物时，需要牢记一些常识，这些常识没有轻重之分。味道浓郁且风味十足的食物会掩盖酒体清淡、柔和的夏季麦芽酒的味道，而搭配口感清爽的菜肴，你会难以品出麦芽型冬季烈酒的味道。

鸡肉、鱼肉、沙拉和意大利面最适合与清淡的德国拉格啤酒、金色或小麦艾尔啤酒搭配，丝滑、带有烟熏味道的世涛啤酒可以平衡烟熏鲑鱼的奶油味。牡蛎最适合搭配干涩的爱尔兰黑啤酒，而不是更传统的白葡萄酒——秋天，可以去戈尔韦参加国际牡蛎和海鲜节，体验这种"天造地设"般的搭配，因为那里的牡蛎和啤酒最为正宗。

更加烈性的碳酸啤酒可以中和油腻的菜肴，并有助于提神醒脑，而麦芽型甜酒则可以平衡菜肴中明显的咸味。果味碳酸啤酒——比利时白啤是搭配鲑鱼或

上头！
啤酒小史

沙丁鱼等油性鱼类菜肴的绝佳之选。在这里，这种组合起到了对比作用，但有时搭配相似的口味也会产生良好的效果。老式麦芽酒或世涛啤酒中烤麦芽的焦香可以与烤猪肉或牛肉中的焦味交相辉映，IPA适合搭配咖喱或墨西哥菜等辛辣菜肴，而英国苦啤则与经典农夫午餐相得益彰。

风味浓郁的烈性啤酒可以中和甜点中极度的甜味，世涛啤酒就与巧克力相得益彰。试试焦糖布丁和大麦烈酒——啤酒的苦甜参半可以中和甜点的甜味，但又不会形成太强烈的对比。最后一道菜（甜品）中也有口味的对比，例如芝士蛋糕和IPA的搭配效果就很不错，比利时黑啤或大麦烈酒最适合搭配细腻的牛奶巧克力。

与奶酪盘相搭配，啤酒就可以真正发挥自己的作用了，而且由于奶酪的风格和特性不同，啤酒和奶酪的搭配几乎是拥有无限的可能。牛奶制成的硬奶酪（如切达干酪、格鲁耶尔干酪和高达干酪）带有果味和咸味，

啤酒几乎可以搭配任何一道菜。

上头！
啤酒小史

啤酒餐

比利时人非常重视啤酒与食物的搭配，他们甚至兴起了一个概念——啤酒餐，涉及啤酒与食物的搭配和用啤酒做饭。

以下是几个比利时啤酒和菜肴的搭配建议。

艾尔金啤	麻辣鸡肉
白啤	焗烤马铃薯（芝士马铃薯饼）
红色艾尔啤酒	蒜香火鸡香肠
兰比克啤酒	迷迭香烤鸡肉
克里克啤酒	草莓或樱桃芝士蛋糕
棕色啤酒	胡椒牛排

最适合搭配IPA和活泼的皮尔森，而另外一种罕见的搭配也可以突出奶酪的特征，如麦芽香气浓郁、带有丝丝果味的大麦烈酒。啤酒的甜味与奶酪的咸味形成鲜明对比，效果也不错。事实证明，小麦白啤与由牛奶制成的软奶酪（如布里奶酪和卡芒贝尔奶酪）搭配时，效果特别好，棕色艾尔啤酒也适合此类奶酪。

晚宴快结束时，无须再去拿干邑白兰地或单一麦芽苏格兰威士忌，比利时三料啤酒、桶装陈啤和所有"皇家"或"双料"啤酒都适合手卷雪茄，一杯咖啡以及愉快的交谈。当然，没有必要为每道菜都配上一杯啤酒。深入了解搭配的完整概念，了解哪些效果好、哪些效果不好，不要害怕尝试，最重要的是尽情享受其中，多去那些提供"食物—啤酒搭配"的美食酒吧和餐厅会很有帮助，既可以娱乐，又可以为自己的晚宴或非正式的搭配寻找些灵感。

A GLOBAL HISTORY

7

啤酒与文化

鉴于啤酒在全世界人民的生活中所扮演的长期而重要的角色，饮用者选择在当时的文化媒体中纪念、庆祝和传承啤酒文化也就不足为奇了。因此，与喝啤酒有关的歌曲比比皆是，文学作品中也多有提及。20世纪，啤酒还出现在了电影和电视中。另外，啤酒还在全球广告和赞助中成为一股强大的力量。

文学作品中的啤酒

由于在大众的印象中，写作和饮酒往往密切相关，这种观点有一定的道理，所以啤酒这个话题出现在许多作家的生活和艺术作品中也就不足为奇了。

威廉·莎士比亚与伊丽莎白时代的酒馆生活有着密切的联系，他对啤酒当然并不陌生，他的许多戏剧中都有啤酒这个元素。在《冬天的故事》（*The Winter's Tale*，约1610—1611年）中，奥托吕科斯称"一夸脱麦芽酒堪比国王的菜肴"，而在《亨利五世》（*Henry V*）中，一个男孩说，"我愿用名声换一壶麦芽酒和我的安全"。在莎士比亚时代，剧院中广泛销售麦芽酒，据说在1613年，剧院上演《亨利八世》（*Henry VIII*）时，大炮的火花点燃了茅草屋顶，导致伦敦最初的环球剧院被烧毁。此后，重建于伦敦泰晤士河畔的环球剧院商店出售三种定制啤酒——环球世涛啤酒、环球艾尔啤酒和环球金啤。

　　莎士比亚时代的君主伊丽莎白一世本人就是忠实的艾尔啤酒爱好者。当时，人们习惯于喝啤酒，而不是喝更"危险"的液体——水。据说，女王陛下的酒量比宫廷里的所有男人都高，她最喜欢的早餐便是面包和啤酒。当女王在哈特菲尔德宫招待莱斯特伯爵罗伯特·达德利时，据记载，端上餐桌的麦芽酒因强度不够而引起女王陛下的不满，"我们很想送去伦敦……

上头！
啤酒小史

她喝的啤酒太烈了,没有人能喝"。

豪斯曼在他的诗集《希洛普郡少年》(*A Shropshire Lad*, 1896)中写下了与啤酒有关的优秀的英国文学作品之一。最后两行经常被断章取义地用于形容苏格兰威士忌,但整体而言,豪斯曼想到的究竟是哪种饮料却是毋庸置疑的:

> 说,啤酒花园是什么意思,
>
> 或者为什么伯顿建在特伦特河畔上?
>
> 哦,许多英国人酿的酒比缪斯更活泼,
>
> 麦芽酒的确比米尔顿更能
>
> 证明上帝对人是公平的。

跨越爱尔兰海,啤酒,尤其是波特和世涛,在该国的文学作品中占据重要地位。爱尔兰作家中的酒徒——弗兰·奥布莱恩可以与布兰登·贝汉和帕特里克·卡瓦纳等史诗般的人物相提并论。在他的超现实主义小说《双鸟渡》（*At Swim-Two-Birds*, 1939）中，奥布莱恩在一首名为《工人朋友》（*The Workman's Friend*）的诗中说：

当事情出错并且不会变好时，
尽管已经尽力而为，
当生活看起来像黑夜一样漆黑，
一品脱啤酒是你唯一的选择。

　　尽管竞争激烈，布兰登·贝汉还是成功地成为爱尔兰饮酒作家之王；事实上，他把自己描述为"一个有写作问题的酒鬼"。这位政治活动家、剧作家和散文家和他同时代的人一样喜欢喝波特啤酒或世涛啤酒，他一口气能喝十几杯。在《布兰登·贝汉的岛》（*Brendan Behan's Island*, 1962）中，他对最近波特啤酒消耗量的下降感到遗憾，并宣称以前"它的玻璃非常好，甚至可以粘在柜台上"。

詹姆斯·乔伊斯是一位公认的波特啤酒爱好者，但在乔伊斯的史诗小说《尤利西斯》（*Ulysses*，1918—1920）中，利奥波德·布鲁姆喝的是一杯勃艮第，现在一年一度的"布鲁姆日（Bloomsday）"庆祝活动中，这一幕都会上演，重现的便是小说中所描述的1904年6月16日发生的故事。第一届布鲁姆日庆祝活动恰巧举办于1954年，以纪念书中事件的第50周年，弗兰·奥布莱恩和帕特里克·卡瓦纳穿越都柏林的"尤利西斯朝圣之路"，但由于许多参与者中途喝醉了，此次旅行最终没有完成。

威尔士诗人迪伦·托马斯是一个凯尔特人，也是一个啤酒爱好者，他喜欢将好几杯艾尔啤酒摆在吧台上，然后一杯杯的快速喝下去，以免宿醉不醒。在他最著名的作品《牛奶树下》（*Under Milk Wood*，1954）中，谢里·欧文喜欢每晚定期饮用"17品脱温暖而稀薄的威尔士苦啤"。托马斯在给妻子凯特琳的信中写道："如果没有啤酒，我就无法继续生活了。"据说，他在纽约去世前不久回到了切尔西酒店，说："我已经喝了18直杯威士忌，这是最高纪录了！"也许他应该坚持喝啤酒。

尽管罗伯特·彭斯通常认为威士忌是苏格兰的国酒，并大力倡导饮用威士忌，但他也写过并且常喝艾尔啤酒。在其1789年的诗歌《威利酿了一配克麦芽酒》（*Willie Brew'd a Peck o' Maut*）中，这位诗人提到了畅饮啤酒的乐趣：

哦，威利酿了一配克麦芽酒，

罗伯和艾伦来看看；

那天夜晚，

三兄弟开怀畅饮。

我们没有喝醉，没有喝醉，

只是有点儿微醺。

公鸡会打鸣，白昼可能会到来，

是的，我们会尝尝大麦的味道。

与此同时，史诗《塔姆·奥·香特》（*Tam O'Shanter*, 1790）中的同名主人公是一位埃尔郡的农民，赶完集后，他在艾尔小酒馆里与酒友——鞋匠苏特·约翰尼度过了漫长的夜晚。两个人"畅饮烈性艾尔啤酒，虽喝得醉醺醺，但非常快乐"。

在大西洋彼岸，作家们与英国和爱尔兰的同行一样热爱啤酒。1848年7月，埃德加·爱伦·坡写了一首优美的短诗——《艾尔之歌》（*Lines on Ale*）：

像混合着奶油的琥珀，

我会再喝掉那杯酒。

如此热闹的幻象

穿过我的大脑。

万千思绪——最奇怪的幻想

来了又去：

为何要在乎时间的流逝？

我今天喝麦芽酒。

一个世纪后，查尔斯·布考斯基在美国喝酒和写作的经历就像布兰登·贝汉在爱尔兰一样。作为一名酗酒者，啤酒不可避免地出现在他的许多小说和诗歌中。题为《爱是地狱冥犬》(*Love is a Dog from Hell*, 1974—1977)的诗集中有一首诗——《啤酒》(*Beer*)：

　　我不知道在等待的时候

　　喝了多少啤酒

　　才能振作起来

　　我不知道与女人分道扬镳后

　　喝了多少红酒和威士忌

　　还有啤酒

　　主要是啤酒

　　由米基·洛克主演的电影《酒心情缘》(*Barfly*, 导演巴贝特·施罗德, 1987年)讲述的就是布考斯基的酗酒生活。

上头！
啤酒小史

电影中的啤酒

如果作家以酗酒闻名，那么演员肯定紧随其后。想想理查德·伯顿、彼得·奥图尔和理查德·哈里斯，仅举这三个著名人物为例。与文学作品一样，啤酒出现在许多伟大的电影中，并且在詹姆斯·邦德电影《007：大破天幕杀机》（*Skyfall*，导演萨姆·门德斯，2012年）中扮演了颇具争议的角色，在这部电影中，007将他惯常的马提尼换成了一杯喜力啤酒（参见下文"啤酒和赞助"）。也许最著名的以啤酒为主题的"经典"电影是《冲破地雷网》（*Ice Cold in Alex*，导演J.李·汤普森，1958年），约翰·米尔斯饰演一名在第二次世界大战期间将急救人员运送过北非沙漠的高级军官。安森上尉（米尔斯饰）喜欢喝酒，梦想在一行人到达亚历山大港时喝一杯冰镇啤酒。

在最后的场景中，安森的梦想终于变成了现实。在埃尔斯特里工作室现场拍摄时必须使用真正的拉格啤酒，效果才能更加真实，这需要约翰·米尔斯在拍摄过程中喝下数杯啤酒。影片选中了嘉士伯，这是可以接受的，因为它是在丹麦酿造的——在战争电影中，米尔斯和他的同伴不可能喝德国啤酒，而改编电影的小说中用的是莱茵金酒（*Rheingold*），听起来太具有日耳曼风格了。

伯特·雷诺兹主演的电影《警察与卡车强盗》（*Smokey and the Bandit*，导演哈尔·尼达姆，1977年）称不上"经典"，但也有很多打斗场景，其核心情节就是啤酒。一个绰号为"土匪"的卡车司机（雷诺兹饰）跟别人打赌，说他可以驾驶一辆装有400箱康胜啤酒的卡车从得克萨斯州的特克萨卡纳到乔治亚州——在28小时内完成1800英里的路程，同时还要避开公路警察。故事的前提是，当时密西西比河以西的少数几个州才有康胜啤酒，许多试图将康胜啤酒运入乔治亚州的卡车司机此前都已被捕。从本质上讲，这部电影讲述的是一场汽车追逐，而且在距离上有一定程度的夸大，实际上距离不到1800英里，而且特克萨卡纳城位于一个"干旱"区域。

电影《啤酒大英雄》（*Beer*，导演帕特里克·凯利，1985年）几乎无法公开宣传其主题，这部喜剧是对广告业的讽刺。广告主管塔克（洛丽泰·斯威饰）担心她会失去诺贝克啤酒厂这个主顾，为了保住这个客户，她得到了三个"普通人"的帮助，他们无意中扰乱了一起酒吧抢劫案，她围绕他们的故事展开了一场广告活动。广告很成功，但为了让诺贝克啤酒厂满意，塔克不得不制作更多含有性别歧视和冒犯性的广告，甚至设计了"拿走你的诺贝克"的口号。

最后，2002年，一部关于啤酒的真实故事而不是小说的电影——《美国啤酒》（*American Beer*，导演保罗·柯米赞）讲述了来自纽约市的五个朋友在40天内参观38家啤酒厂的故事。由此产生的电影被其制作者描述为"假电影（bockumentary）"。

音乐中的啤酒

最早与啤酒及其消费有关的歌曲往往以民谣的形式出现。大约在1553年创作的都铎王朝喜剧《葛顿老太太的针》（*Gammer Gurton's Needle*）中，有一首歌唱道，"如果我愿意，没有什么风霜会伤害我；我裹得严严实实的，喝着艾尔和老式啤酒"。

最著名的啤酒民谣是《大麦约翰》（*John Barleycorn*），其中的同名人物将大麦作物以及由此酿造的啤酒和威士忌拟人化。在民谣中，大麦约翰遭受攻击并最终死亡，这与大麦种植的各个阶段相对应，如收割和发芽。最终，大麦可能会死去，但在这样做的过程中，他提供了增强生命力的酒精，供他人享用。

《大麦约翰》最受欢迎的版本是由罗伯特·彭斯于1782年撰写，但有几个更早的版本，其中一个英文版本的开头如下：

上头！
啤酒小史

西边来了三个人

谋求发财之道，

这三个人庄严地发誓，

大麦约翰必须死，

他们耕地、播种、耙地，

往他头上扔土块，

这三个人庄严地发誓，

大麦约翰死了。

　　在更现代的啤酒歌曲中，最受欢迎的可能是百老汇轻歌剧《学生王子》(*The Student Prince*, 1924)中的《饮酒之歌》(*The Drinking Song*)，该歌剧于1954年被拍成电影，埃德蒙·珀道姆饰演卡尔王子，所有歌曲均由马里奥·兰扎演唱。歌剧中讲述的是一家深受海德堡大学生欢迎的酒馆，《饮酒之歌》就是在酒馆里表演的，它的开头是"举起酒杯喝啤酒吧"。该剧于20世纪20年代在百老汇首演，当时正值禁酒令时期，受到了人们的热烈欢迎。

不可避免地，流行音乐流派中也有啤酒元素，尤其是蓝调和乡村音乐，而这些歌曲并不总是与极具男子气概的啤酒文化有关。出生于田纳西州的蓝调歌手孟菲斯·斯利姆录制了一首《喝啤酒的女人》（*Beer Drinking Woman*），正如歌曲介绍中所述，这首歌的背景是在1940年芝加哥的鲁宾酒馆。歌曲讲述的是他拿着45美元走进酒馆，给一个女孩一个美好的时光，但出来时只剩下10美分。

乡村音乐包括乔治·琼斯等传奇酗酒表演者，尽管他喜欢烈性酒，但他确实录制了《啤酒赛跑》（*Beer Run*），庆祝以90英里/小时的速度驾驶卡车前往县城购买啤酒。

甚至还有一张名为《最佳乡村饮酒歌》（*Best Ever Country Drinking Songs*）的双CD，其中包括汤姆·霍尔的《我喜欢啤酒》（*I Like Beer*），以及最佳乡村啤酒歌曲——葛伦·苏顿作词的《是什么让密尔沃基出名

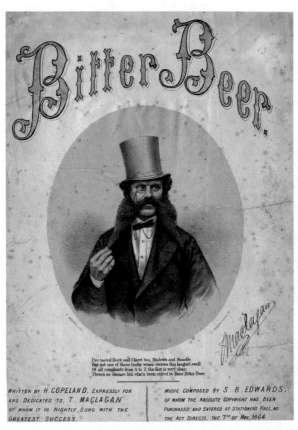

歌曲《苦啤》(*Bitter Beer*) 的乐谱封面，
上面有歌手麦克莱恩的肖像，1864年。

的？》（*What Made Milwaukee Famous?*）。

在摇滚音乐中，弗兰克·扎帕在他的专辑《扎帕在纽约》（*Zappa in New York*, 1978）中收录了一首《乳房和啤酒》（*Titties and Beer*）。扎帕还写了一句经常被引用的歌词："一个没有啤酒也没有航空公司的国家，不能算是一个真正的国家，也许有足球队或者核武器会加分，但是它至少应该拥有一款啤酒。"

德国音乐中也有许多与啤酒有关的古老和现代歌曲，其中许多歌曲在一年一度的慕尼黑啤酒节上演出。慕尼黑啤酒节的Oompah乐队录制了20首德国饮酒歌，德国的饮酒音乐至少可以录满10张CD！

啤酒和世界领袖

许多伟大的政治家和女性都认识到啤酒对生活的宝贵贡献。维多利亚女王以在她的红葡萄酒中添加威士忌而闻名，她宣称："给我的人民充足的啤酒、优质的啤酒和廉价的啤酒，他们就不会再发动革命。"与此同时，在德国，她的孙子威廉二世曾说过："给我一个喜欢啤酒的女人，我将征服世界。"也许他找到了一个这样的女人，因为他肯定开始了尝试。本杰明·富兰克林总统相信"啤酒证明上帝爱我们，并希望我们幸福"，而他的前任总统亚伯拉罕·林肯则认为："我是人民的坚定信徒。如果知道真相，我们可以依靠他们来应对任何国家危机。最重要的是告诉他们事实和给他们啤酒。"

啤酒和广告

尽管谈到广告，我们想到的是今天的平面广告、电视广告和网络媒体，但实际上，酒馆在几个世纪前就开始做宣传了，它们在酒馆前挂出一块绿布，表示这里出售麦芽酒。从绿布逐渐演变为一个标志——绘有灌木的图案，旨在告知不识字的人，这里有啤酒。从中世纪开始，小酒馆开始有了名字，标牌上说明的这些业务逐渐发展起来。

今天在英国仍然常见的许多酒吧名称都有古老的起源。例如，尽管一家名为公牛（The Bull）的酒吧似乎与农业有着些许联系，但它实际上指的可能是很久之前酒吧老板对天主教的忠诚，因为在亨利八世宗教改革时期，1533年亨利与阿拉贡的凯瑟琳（亨利八世的第一任妻子，天主教徒，也是英格兰真正的女王）离婚后，教皇发布诏书，威胁亨利，如果他放弃天主教信仰，将被逐出教会，教皇诏书在英文中就是"papal bull"。将酒吧命名为公牛可能是与罗马团结一致的标志。另外一家酒吧——猫和提琴（The Cat and Fiddle）的名称起源也有着类似的解释。与公牛酒吧一样，将酒馆命名为猫和提琴可以解释为是支持凯瑟琳和天主教会的标志。

土耳其头结（Turk's Head）和撒拉逊人头结（Saracen's Head）可能起源于在1095—1291年对穆斯林进行的无数次十字军东征期间，基督教骑士从中东

流行的英国酒吧——"金狮酒吧（Golden Lion）"
的名称起源于徽章。

带回的令人毛骨悚然的战利品，但海边带有土耳其头结的酒馆实际上是指南部和西部海岸的渔民在建造渔网时使用的结，因其与穆斯林头巾相似而得名。

三个马蹄铁（The Three Horseshoes）最初可能指的是靠近铁匠锻造厂的小酒馆，这指代的是丢失的马蹄铁——毕竟通常是有四个——可以在那里更换。马蹄铁也代表好运，也许是因为人们认为"精灵"出于某种原因害怕铁，而马蹄铁很容易找到，挂在门上以防止"精灵"进入。契克斯（The Chequers）的命名可能来源于棋盘，因为棋盘被广泛用于指代放债人，还有什么地方比酒馆更适合他们进行交易呢？还有一些酒吧的名称指代更加明显。例如，几乎可以肯定，一家名为公鸡（The Cock）的酒吧名称来源于1835年英格兰和威尔士禁止斗鸡之前，而斗鸡的场所多为这些酒吧。

因此，小酒馆彰显的是它们的个性，但特定啤酒品牌的广告直到19世纪中叶才真正盛行。随着印刷技术的进步，人们可以制作出引人注目的彩色海报，并在欧洲和美国广泛使用。在英国，约翰·吉尔罗伊在健力士啤酒的委托下制作出了一些最令人难忘的平面广告，其中巨嘴鸟的形象和标语"健力士对您的身体有好处"，在《商品说明法》存续期间一度消失，但更让人们注意到酗酒的影响。尽管如此，健力士啤酒的广告仍然是最具创意的啤酒广告之一。

正如无法再说"啤酒对您的身体有好处"一样，"牛奶世涛（Milk Stout）"一词也被搁置了，因为"牛奶世涛"中并没有牛奶，而是用一定量的乳糖酿制。但这并没有阻止麦其顺（Mackeson，可能是该饮料最著名的供应商）在1907年推出"牛奶世涛"时在标签上画上了奶桶，而几个竞争对手的版本画的都是奶牛。麦其顺使用的一条标语也与健力士啤酒对健康有利的说法有异曲同工之妙，"它看起来不错，味道不错，对你的身体有好处"。

在美国百威啤酒的宣传海报中，阿道弗斯·布希采用了一幅名为《卡斯特的最后一战》(*Custer's Last Fight*, 1896)的画作，并添加了一些印第安人剥下的头皮，以增强广告效果。百威的最大竞争对手——米勒，成功改变了人们对于米勒淡啤的看法，将其从一种为节食女性准备的低热量啤酒转变为男性可以大量饮用的啤酒。20世纪70年代，平面广告和电视广告大获成功，其中一条宣传口号为"好喝不胀肚"，此后，米勒淡啤的销量翻了一番，取代百威成为1992年最畅销的美国啤酒。

在加拿大边境，摩森凭借其为摩森加拿大拍摄的电影和电视广告宣传一举成名，该广告宣传被称为"乔伊的咆哮"。一个身穿格子衬衫的人站在加拿大偶像人物的背景下，表达了其极具争议的加拿大身份。冗长的"咆哮"以"嘿！我不是伐木工人或毛皮商人，我不住在冰屋里，不吃鲸脂，也没有狗拉雪橇"开头，以"加拿大是第二大陆地！最大的曲棍球国家！北美最好的地方！我的名字是乔伊！我是加拿大人！谢谢！"结束。这则广告大获成功，播放时，酒吧里的人们要求调高音量,而在体育赛事中,歌迷则跟着它高呼。

在欧洲,许多啤酒制造商都使用了稀奇古怪的原创广告策略,喜力一直使用口号"带给您其他啤酒无法企及的清爽感觉",获得了很大的成功,而嘉士伯的标语"可能是世界上最好的啤酒"也同样出名,它创立于1973年,由英国领先的盛世长城国际广告公司(Saatchi & Saatchi)设计,奥森·威尔斯配音。

与此同时,时代啤酒冒险暗示其产品价格昂贵,但品质绝佳。该品牌采用了"令人放心的昂贵"这一标语,并制作了一系列模仿欧洲电影风格的英国电视广告,最早的是根据法国电影《恋恋山城》(*Jean de Florette*, 1986)制作的一些广告。如果时代啤酒的目的是将品牌与精致的欧洲品位联系起来,那么从20世纪70年代至今,福斯特的拉格广告则采用了一种与澳大利亚文化几乎截然相反的方法。"琼浆花蜜"和"澳大利亚人的啤酒"等口号与澳大利亚刻板的漫画形象结合在一起,包括袋鼠和悬挂软木塞的帽子等视觉效果。演员巴瑞·哈姆弗莱斯及其饰演的粗野的芭莎·麦肯齐的角色，使该品牌在20世纪70年代几乎一夜之间在英国引起轰动，而在接下来的10年中，热门电影《鳄鱼邓迪》（*Crocodile Dundee*, 1986）的主演保罗·霍根成为福斯特啤酒代言人，继续发扬了该啤酒的高调作风，在商业上取得了成功，他扮演的是在伦敦操着一口澳大利亚口音的角色。

　　"幽默"一直是福斯特系列广告的核心，福斯特在英国的成功促使澳大利亚品牌四X苦啤开发了自己的一系列轻松的英国电视广告，重点描绘的是澳大利亚的典型形象。与几年前的嘉士伯一样，四X苦啤的广告设计公司也是盛世长城国际广告公司，他们用幽默和含沙射影的方式，提出了"对于澳大利亚人而言，四X苦啤是金不换"。最受欢迎、最成功的一个四X苦啤的广告描绘的是一群剪羊毛的人，他们在一辆破旧的皮卡车里装满了四X苦啤，为郊游做准备。当将两瓶"女士专用"甜雪利酒装上车时，皮卡车的悬挂装置倒塌。其中

罗马尼亚布加勒斯特喜力啤酒的广告。

一个人评论道，"看起来我们是喝够雪利酒了"。

啤酒和赞助

有效的赞助取决于将产品与适当的活动联系起来，因此啤酒赞助历来专注于工人阶级或"蓝领"运动，如足球、棒球、曲棍球和赛车，也就不足为奇了。

鉴于其销售规模和巨大的促销预算，百威在美国引领风潮是不可避免的，该品牌是美国职业棒球大联盟的官方啤酒赞助商，30个俱乐部成员中，23个都接受了它的赞助。根据美国著名体育作家彼得·里士满的说法，"美国只有一种主要运动，那就是棒球，而在我们民族灵魂的深处只有一种饮料，那就是啤酒"。啤酒需要棒球，棒球也需要啤酒，一直如此。

百威还与美国奥委会建立了长期合作伙伴关系，跨越近30年，包括14届奥运会和冬季奥运会。此外，百威与国际足联建立了合作伙伴关系，并且是2014年

上头！
啤酒小史

国际足联世界杯的官方啤酒，而在英国，百威赞助了足总杯。该品牌参与足球相关活动已有25年，2010年销售额增长超过36%，其中大部分增长归功于其对国际足联世界杯的赞助。

回到美国，百威的主要竞争对手米勒康胜与纳斯卡大奖赛保持着长期的合作，米勒康胜赞助了一辆道奇赛车，并成为这项运动的官方啤酒，还赞助了个人赛。米勒康胜媒体和营销服务副总裁杰基·伍德沃德表示，"这是一个重要领域。许多纳斯卡大奖赛的车迷都是啤酒爱好者。我们需要出现在那里，需要长期出现在那里"。米勒康胜还与国家冰球联盟签订了一项重要的企业赞助协议，并在2011年取代了百威啤酒制造商安海斯-布希。

在英国，卡林啤酒（Carling）是英格兰足球队的官方赞助商，而喜力则取代阿姆斯特尔（Amstel），成为欧洲冠军联赛的啤酒赞助商，还赞助了欧洲超级杯。与此同时，英国赛马界与啤酒赞助有着长期的合

米勒淡啤赞助的库尔特·布希道奇车。

上头！
啤酒小史

作，惠特布雷德是英国体育界的第一个商业赞助商，1957—2001年赞助了惠特布雷德金杯赛。

麦其顺金杯赛（The Mackeson Gold Cup）创立于1960年，一直持续到1995年，当时麦其顺世涛啤酒上不再印刷所需的形象，赞助也被取消，但1996—1999年，墨菲的世涛啤酒品牌一直在支持国家狩猎日活动。今天，喜力旗下的约翰·史密斯品牌每年参与地方和全国狩猎日赛马比赛的天数为90天以上，而且自2005年以来，约翰·史密斯一直是安特里全国越野障碍赛马的冠名赞助商。

另外，百威英博旗下，不来梅酿造的贝克（Beck）品牌长期以来一直致力于支持艺术事业，目前赞助"绿盒子（Green Box）"项目，该项目是一个旨在"激发、赞扬和资助独立设计、音乐和时尚艺术人才的基金"。目前获得资助和展示的独立项目总共有1000个，据贝克说，"我们可以在世界各地的绿盒子中体验这些艺术作品，它们也将在该基金的虚拟画廊中永久展示"。

与此同时，百威英博旗下的时代啤酒自1994年以来一直支持英国电影相关活动，并高调赞助了戛纳、墨尔本和圣丹斯电影节。

正如前文所述，喜力一直致力于电影和赞助，与《007：大破天幕杀机》的制片方签署了4500万美元的协议，007喝的是荷兰拉格啤酒，而饰演邦德的演员丹尼尔·克雷格则参与拍摄了喜力的一系列电视广告。此外，电影在美国首映之前，他的形象被印在了限量版瓶子上，喜力希望通过与邦德特许经营权的联系来提高其知名度。

Beer
A GLOBAL HISTORY

食　谱

用啤酒做饭

聪明的厨师早就知道啤酒是烹饪艺术中的一个无价之宝。面包、蛋糕和布丁经过碳酸化后会变得轻盈，湿度更高，保质期更长。淡色艾尔啤酒是可以让面糊变得更轻盈的理想选择。味道更浓烈、风味更浓郁的啤酒可以让汤体更厚重或为酱汁添加颜色。啤酒也可以用来代替高汤，在这种情况下，可以选择甜世涛之类的啤酒。啤酒具有极好的嫩化作用，用作腌料时，没有红酒那么浓郁，不会掩盖或改变食物本身的颜色。酒精蒸发后，剩下的是简单而天然的大麦和啤酒花风味，几乎可以与所有腌制食品相得益彰。理想情况下，选择琥珀色或棕色麦芽酒作为腌泡汁，白啤最适合用来蒸煮食物，特别是贻贝等菜肴，也适合用来制作热狗。用于裹在食物外面的酱料或卤汁时，啤酒可以增强家禽和猪肉菜肴的风味。说到甜点，啤酒也不应该被忽视。可以尝试在水果拼盘中加入比利时水果啤酒，甚至在帝国世涛中加入冰淇淋，"浮"在酒上。

　　用于烹饪的啤酒最好苦味相对较低，最好带有甜味和麦芽的味道，目的是添加清淡的口感。啤酒的作用应该是增强和提高食物中固有的风味，而不是改变它们。

上头！
啤酒小史

啤酒食谱

啤酒小子

供 4 人食用

- 2茶匙橄榄油或黄油
- 8根德式香肠
- 1个大洋葱，切成洋葱圈
- 6液体盎司（180毫升）啤酒（颜色较深的啤酒会提供更丰富的味道）

加热1茶匙橄榄油或黄油。香肠烤至金黄色，放入盘中。

将剩余的1茶匙橄榄油或黄油和洋葱圈放入汤汁中；翻炒洋葱，裹上油，并直至洋葱呈金黄色，放入盘中。

把香肠和洋葱一起放回锅里，加入啤酒。中火，中途翻面，直到啤酒煮成糖浆，大约12—15分钟。

洋葱啤酒炖牛肉

供 6—8 人食用

- 3½ 磅（1.6 千克）牛肩肉，切成小块

- 盐和黑胡椒

- 4 汤匙黄油

- 3 个洋葱，切成 ¼ 英寸（0.5 厘米）厚

- 3 汤匙普通面粉

- 1½ 杯（340 毫升）鸡肉或牛肉汤

- 12 液体盎司（350 毫升）深色比利时修道院艾尔啤酒或
  棕色艾尔啤酒

- 4 枝百里香

- 2 片月桂叶

- 1 汤匙全麦芥末

- 1 汤匙红糖

用盐和黑胡椒调味牛肉。在锅中加热2汤匙黄油；将牛肉每面煎至棕色，每面约3分钟。将煎好的牛肉放入碗中。

在锅中加入2汤匙黄油，火调至中挡。加入洋葱和半茶匙盐，煮至洋葱变成褐色，大约15分钟。加入面粉并搅拌，直到洋葱均匀裹上面粉，大约2分钟。加入高汤、啤酒、百里香、月桂叶、牛肉、盐和黑胡椒，将温度提高到中高挡，并充分炖煮。将温度调至低挡，加水，水不必没过牛肉，煮2—3小时，直到牛肉变软，偶尔搅拌。烹饪完成前30分钟加入红糖和芥末。将月桂叶和百里香挑出，食用前加入盐和黑胡椒调味。

切达奶酪啤酒汤

供 6—8 人食用

- ½杯（125克）洋葱，切丁

- 1汤匙蒜末

- 6片培根，切丁

- 1汤匙黄油

- ¼杯（35克）普通面粉

- 6杯（1.35升）蔬菜汤

- 4—6液体盎司（100—180毫升）淡色艾尔啤酒

- ½杯（120毫升）浓奶油

- 2汤匙伍斯特沙司

- 2茶匙辣根酱

- 2汤匙第戎芥末

- 2片月桂叶

- 盐和胡椒

- ½磅（225克）切达干酪，磨碎

中火加热平底锅，加入培根丁，煎至半熟。加入洋葱和蒜末，再煎3分钟。加入黄油和面粉并充分混合。加入蔬菜汤，煮至相对浓稠。加入剩余的原料，煮20分钟。取出月桂叶，与面包丁一起食用。

牛排啤酒派

供 4—6 人食用

馅料

- 1个洋葱, 切碎

- 1根芹菜, 切碎

- 2汤匙普通面粉

- 2汤匙黄油

- 700克炖牛排, 切成块

- 2个牛肉高汤块

- 1汤匙伍斯特沙司

- 1枝百里香

- 1瓶（或½品脱）艾尔黑啤

面饼

- 1个鸡蛋, 打散

- 500克普通面粉

- 250克牛油

- 6—8汤匙水

上头！
啤酒小史

将烤箱预热至160℃。将芹菜和洋葱放入浅锅中,用黄油炒至变软。拌入面粉、牛排块和伍斯特沙司。加入碎汤块和百里香。倒入艾尔黑啤,煨煮,然后盖上盖子,煮2小时30分钟。取下盖子,再煮30分钟。将烤箱温度提高到200℃。

用料理机将面粉、牛油和1茶匙盐混合,一边混合一边用汤匙加6—8汤匙水,直到原料充分混合,形成面团,然后用手整理面团表面。将面团擀开并分成两份,20厘米的馅饼盘刷油,铺上一份。用勺子加入馅料,将酱汁倒在馅料上,直到铺满。用剩下的面团制成面皮,整理并压平边缘,刷上蛋液,在中央切一个小口。放入烤箱再烤40分钟。

世涛黑线鳕

供 4 人食用

- 4片黑线鳕鱼片（去皮）
- 2瓶干型世涛啤酒
- 4根大胡萝卜，切成条状
- 1汤匙柠檬汁
- ⅓杯（115克）蜂蜜
- ½茶匙辣酱
- 橄榄油
- 盐和胡椒

　　将世涛啤酒和蜂蜜放入平底锅中煮沸；中火炖20分钟，直到液体减少到半杯（略超过100毫升）。在碗中混合柠檬汁、辣酱和半茶匙盐，待其冷却。在烤盘中用一半世涛酱料盖住黑线鳕，两面涂抹均匀。将胡萝卜放入锅中煮5分钟，然后沥干。将剩下的酱料放入锅中，在高温下煮2分钟，直到变稠。加入胡萝卜，煮1分钟。将黑线鳕放在烤盘上，刷上橄榄油，撒上胡椒粉。接近大火烤4分钟，直到烤熟。与涂抹了世涛啤酒酱料的胡萝卜一起食用。

巧克力啤酒蛋糕

供 4—6 人食用

- 1杯（225毫升）小麦啤酒
- 2杯（280克）普通面粉
- 2杯（400克）细砂糖
- 2个鸡蛋
- ¾杯（180毫升）酸奶油
- 1汤匙小苏打
- 1汤匙香草精
- ½杯（115克）无盐黄油
- ¾杯（105克）可可粉

在碗里将酸奶油、香草精和鸡蛋搅拌均匀。将1杯啤酒倒入平底锅中，中温加热。将黄油切成丁，加入啤酒中，一边融化一边搅拌。然后加入糖和可可粉，再加入酸奶油、香草精和鸡蛋糊，一起搅拌。之后加入面粉和小苏打，充分混合。烤箱预热至350℉（180℃），烘烤50分钟。

牧羊人世涛啤酒派

供 4—6 人食用

- 1杯（225毫升）爱尔兰世涛啤酒
- 2汤匙无盐黄油
- 1½ 磅（700克）沙朗牛排肉馅
- 1个大洋葱，切碎
- 2个中等大小的胡萝卜，切碎
- 4盎司（115克）蘑菇，切碎
- 5汤匙普通面粉
- ⅓杯（60毫升）浓奶油
- 1汤匙番茄酱，2汤匙酱油
- 1½杯（340毫升）鸡汤
- 1杯（150克）冷冻豌豆
- 盐、黑胡椒

土豆馅

- 2½磅（1.2千克）土豆，去皮并切成小块
- ⅓杯（80毫升）常温浓奶油
- 1个鸡蛋，打散
- 2汤匙融化的无盐黄油

上头！
啤酒小史

烤箱预热至375℉（190℃）。将土豆放入冷水锅中，盖上锅盖煮沸；降低温度，煮约25分钟；沥干水分，将土豆放回锅中，盖上锅盖。在一个大平底锅中融化黄油，加入蘑菇、胡萝卜、洋葱和少许盐，煮大约5分钟，直到变成褐色，取出待用。在锅中加入牛肉、1茶匙盐和半茶匙黑胡椒，煮至焦黄，定时搅拌。将牛肉中的脂肪沥干，将煮熟的蔬菜放回锅中，加入面粉和番茄酱，充分搅拌。用中火再煮3分钟。慢慢加入世涛啤酒和鸡汤，低火煮至混合物变稠。加入豌豆和酱油，充分搅拌。

将浓奶油和2汤匙黄油加热，加入煮熟的土豆中并彻底捣碎。用盐和黑胡椒调味，然后将土豆泥铺在平底锅的肉汁上，刷上蛋液。放入烤箱，380℉（195℃）烤35分钟，直到土豆变成褐色。

啤酒面包

- 12液体盎司（350毫升）酒体清淡的啤酒
- 3杯（420克）自发面粉
- 1茶匙盐
- ⅓杯（60克）金砂糖
- 2汤匙融化的黄油

　　将啤酒、面粉、盐和糖在碗中混合。烤箱预热，烤盘抹油，375℉（190℃）烘烤50分钟。在烘烤完成前3—4分钟从烤箱中取出面包，在面包顶部涂上融化的黄油，然后放回烤箱。

比利时培根华夫饼配巧克力燕麦世涛

供 4—6 人食用

- 1杯（225毫升）巧克力燕麦世涛啤酒
- 2杯（140克）燕麦粉
- 2个鸡蛋
- 3茶匙发酵粉
- ½茶匙盐
- 1茶匙橙皮
- ¼杯（55毫升）油
- 1茶匙香草精
- ½杯（100克）培根碎
- 黄油
- 枫糖浆

　　华夫饼烤盘预热，并在烤盘上刷油。将面粉、发酵粉、盐和橙皮在碗中混合搅拌。加入鸡蛋、啤酒、油和香草精并搅拌，然后拌入培根碎。将面糊倒入华夫饼烤盘中，烘烤至棕色。搭配枫糖浆和融化的黄油食用。

比利时艾尔金啤蒸贻贝

供 4—6 人食用

- 3磅（1.4公斤）清洗过的贻贝
- 2根韭菜，切段
- 1杯（25克）切碎的欧芹
- 5瓣大蒜，切成蒜末
- ½杯（120毫升）鲜奶油
- 2汤匙芥末
- 1½杯（340毫升）比利时艾尔金啤
- 2汤匙无盐黄油
- 2个柠檬，榨汁

　　将鲜奶油和芥末在碗中混合均匀。高温加热一个大平底锅，加入黄油，加热至棕色，然后加入韭菜和蒜末。约4分钟后，变成褐色，加入贻贝并充分搅拌。加入鲜奶油和芥末混合物并搅拌，盖上锅盖蒸3分钟，然后加入欧芹和柠檬汁。再次搅拌后，再蒸2分钟，直到贻贝开口。

莳萝泡菜蘸贵兹啤酒

- 8盎司（225克）奶油奶酪
- 1杯（240毫升）酸奶油
- 6个莳萝泡菜，切碎
- ⅓杯（75毫升）贵兹啤酒
- 2汤匙泡菜汁
- 2汤匙莳萝芥末
- 2茶匙干莳萝
- ½茶匙盐

　　将所有原料放入料理机中搅拌直至达到奶油稠度。食用前盖上盖子至少冷却两个小时。

IPA樱桃挞

· ½杯（120毫升）IPA

· 千层酥皮

· 3杯（600克）甜樱桃

· 2汤匙玉米粉

· ⅔杯（125克）细砂糖

· 1个鸡蛋，打散

　　酥皮去除底座，擀开，放入抹了油的烤盘中。将IPA、糖、樱桃和玉米粉放入平底锅中，大火煮10分钟直至变稠，并定时搅拌。叉子穿透酥皮，刷上蛋液。倒入樱桃混合物，放入烤箱，375℉（190℃）烘烤20分钟，直到糕点变成褐色。

啤酒鸡尾酒

我们常常将鸡尾酒与烈酒（而不是啤酒）联系在一起，但历史上，人们经常将啤酒与其他饮料混合，如香蒂啤酒（shandy，啤酒和柠檬水）和"蛇之吻"鸡尾酒（snakebite，啤酒和苹果酒）。然而，在过去的几年里，俄勒冈州波特兰的啤酒创新中心逐渐开始创新以啤酒为基底的混合饮料。与所有取得成功的发展趋势一样，这成为一种国际潮流。如今，从东京到多伦多、洛杉矶到伦敦的时尚酒吧都供应啤酒鸡尾酒。以下是取代高杯酒（highball）或威士忌酸酒（whiskey sour）的一些流行搭配，从古老的经典款开始。

啤酒玛格丽特

供 6 人食用

- 12 液体盎司（350 毫升）酒体清淡、口味清淡的啤酒
- 12 液体盎司（350 毫升）罐装冷冻浓缩酸橙汁
- 12 液体盎司（350 毫升）龙舌兰酒
- 12 液体盎司（350 毫升）水
- 1 片酸橙
- 盐

　　将啤酒、龙舌兰酒、酸橙汁和水放在一个水壶中混合。加入冰块并用酸橙片装饰。盛入用盐镶边的玻璃杯中。

黑啤单宁

- ½品脱黑啤
- ½品脱淡色艾尔啤酒

小心地将淡色艾尔啤酒倒入一品脱玻璃杯中，然后将黑啤倒在勺子上流入杯中。黑啤将始终保持在淡色艾尔啤酒之上，因此得名。

2号早餐啤酒鸡尾酒

——加拿大温哥华唐纳利集团饮料总监特雷弗·卡利斯发明

· 1液体盎司（30毫升）杜松子酒

· 1液体盎司（30毫升）君度甜酒

· 1½茶匙杏仁糖浆

· 2小匙橙味苦啤

· 2液体盎司（50毫升）凯旋白啤

　　将杜松子酒和君度甜酒倒入鸡尾酒混合杯中，加入杏仁糖浆、橙味苦啤和白啤，再加入冰块，摇匀并滤入马提尼酒杯中。

黑色天鹅绒

- 冰镇世涛啤酒
- 冰镇低糖香槟

将世涛啤酒倒入香槟酒杯中，直至半满。慢慢加入香槟，填满玻璃杯。

黄瓜金啤血腥玛丽

——调酒师大卫·内波维发明

- 2液体盎司（50毫升）艾氛黄瓜伏特加

- 4个圣女果

- 少许芹籽盐

- 少许胡椒粉

- 2小勺伍斯特沙司

- 少许辣酱

- 1汤匙酸橙汁

- 2液体盎司（50毫升）金啤

- 芹菜条装饰

在鸡尾酒调酒器中混合圣女果、芹籽盐和胡椒粉。添加所有除啤酒外的其他原料。加入冰块并摇匀，滤入装满冰块的玻璃杯中。然后再加入金啤，并用芹菜条装饰。

知名啤酒品牌

荷兰阿姆斯特尔啤酒（Amstel）

荷兰皮尔森啤酒品牌——阿姆斯特尔自1968年以来一直归喜力所有，现在在祖特尔乌德的喜力啤酒厂生产。最初的阿姆斯特尔啤酒厂于1870年在阿姆斯特丹成立，并以阿姆斯特尔河命名，河中的冰被用来冷藏啤酒。早在1883年就开始向英国出口，如今阿姆斯特尔销往全球90多个国家，它是欧洲第三大啤酒品牌。很多宣传广告都在宣传这种啤酒需要"慢慢酿造"，赋予了其独特个性。

美国铁锚蒸汽啤酒（Anchor Steam Beer）

铁锚蒸汽啤酒由旧金山的铁锚啤酒厂酿造，起源于1896年。"蒸汽"啤酒曾经风靡美国西部各州，也逐渐开始吸引美国东部喜欢拉格啤酒的人。"蒸汽"一词的起源可能是因为酒桶加压时会释放出一团类似蒸汽的云。1965年，弗利茨·梅塔格将铁锚啤酒厂从严重的财务困境中解救出来，而蒸汽啤酒——一种清爽的琥珀色啤酒——在六年后首次装瓶。

日本朝日啤酒（Asahi）

1889年，大阪啤酒厂成立，三年后推出了朝日啤酒。该公司清楚地表明啤酒馆并非德国独有，并于1897年开设了第一家啤酒馆，还开创了日本的多个"先河"，包括日本最早的瓶装啤酒（1900）和最早的罐装啤酒（1958）。朝日产品众多，包括朝日黑啤（一种"黑色"的拉格啤酒）、朝日世涛啤酒和极干型啤酒，极干型啤酒于1987年问世，专门用来佐餐，在国内外都取得了巨大的成功，是英国进口最多的日本啤酒。

俄罗斯波罗的海啤酒（Baltika）

波罗的海啤酒厂成立于2006年，由波罗的海和其他三个俄罗斯啤酒厂合并而成。两年后，嘉士伯集团收购了该企业的多数股权。波罗的海酿酒公司是俄罗斯最大的酿酒公司，最初成立于1978年，当时该国处于苏联统治之下，1990年在圣彼得堡开设了大型波罗的海啤酒厂。波罗的海品牌名称从1992年开始使用，而现在的产品组合包括波罗的海2号淡啤、波罗的海3号经典啤酒和波罗的海4号经典啤酒,以及波特啤酒、出口啤酒和小麦啤酒。波罗的海拥有超过37%的俄罗斯啤酒市场,并经营着12家啤酒厂。

德国贝克啤酒(Becks)

贝克啤酒是百威英博旗下的旗舰啤酒之一,在德国不来梅市酿造,是世界上最畅销的德国啤酒品牌,在大约90个国家有售。贝克啤酒原本只是一个当地品牌,2002年,它以180万欧元的价格被卖给了当时的英特布鲁酿酒厂。1873年,吕德尔·鲁腾贝格、海因里希·贝克和托马斯·梅创立了该啤酒厂,一开始的目标就是出口市场。从风格上讲,贝克皮尔森啤酒口感清爽,啤酒花的味道与醇厚的香气和良好的碳酸化相得益彰。

捷克共和国伯纳德啤酒(Bernard)

尽管伯纳德啤酒厂以现在的形式仅仅存在了20多年,

但位于洪波莱克的老啤酒厂是在16世纪成立的。1991年10月，斯坦尼斯拉夫·伯纳德、约瑟夫·瓦夫拉和鲁道夫·什梅卡尔高价竞得一个破产的酿酒厂，陆续推出了一系列备受推崇的传统啤酒，其中包括庆典款啤酒、琥珀啤酒和拉格黑啤。伯纳德拥有自己的农场生产的铺层培养的麦芽，农场位置在布尔诺的杰哈德（Rajhrad），生产经过"微过滤"而非巴氏杀菌的啤酒。自2001年以来，比利时酿酒集团督威摩盖特一直是伯纳德业务上的合作伙伴。

威尔士布莱恩SA啤酒（Brains SA）

卡迪夫的布莱恩公司被视为"威尔士国家酿酒商"，该公司由塞缪尔·亚瑟·布莱恩和他的叔叔本杰明于1882年成立。布莱恩收购的啤酒厂实际上是在1713年建立的，但自2000年以来一直在靠近卡迪夫中央火车站的前汉考克啤酒厂进行酿造。布莱恩酿造一系列木桶装、金属桶装和瓶装啤酒，20世纪50年代推出了广受欢迎的布莱恩SA最

上头！
啤酒小史

佳苦啤。布莱恩SA由浅色麦芽和水晶麦芽混合制成，而挑战者、戈尔丁斯和法格尔斯啤酒花的使用则赋予了其平衡的干爽感。

美国百威啤酒（Budweiser）

"Bud（芽）"在美国人的语言中几乎等同于啤酒，这就是为什么该品牌在美国无处不在的原因。今天，百威啤酒是百威英博旗下品牌，实际上，它是安海斯-布希公司于1876年推出的品牌。该公司是由密苏里州圣路易斯的德国移民阿道夫·布希及其岳父艾伯哈德·安海斯成立的。布希曾在欧洲游历，研究酿造技术的进步，回家时，他产生了生产酒体轻盈的"波希米亚风格"拉格啤酒的想法，而当时大多数美国人喝的都是颜色较深的艾尔啤酒。百威就这样诞生了，如今该品牌占美国所有啤酒消耗量的近一半。

捷克共和国百威啤酒（Budweiser Budvar）

尽管百威英博的百威啤酒占据主导地位，但捷克共和国的布德韦斯还生产了另一款百威啤酒，其知名度要低得多，但深受啤酒纯化论者的喜爱。自1265年以来，该镇就开始酿造啤酒，当地商人于1895年成立了布德韦斯酿酒公司，很快就开始向美国出口啤酒。不足为奇的是，关于"百威"名称使用的长期争议接踵而至，但是欧共体授予捷克百威"受保护的地理标志"时，争议得到了部分解决，百威英博目前在美国和一些其他国家销售捷克百威。

丹麦嘉士伯啤酒（Carlsberg）

1847年，雅各布·克里斯蒂安·雅各布森在哥本哈根市郊建立了第一家嘉士伯啤酒厂，现在是世界前五啤酒公司之一，以创始人的儿子卡尔的名字命名。从一开始，嘉士伯就酿造拉格啤酒，并于1868年开始出口，第一批货物运往苏格兰。七年后，嘉士伯成立了第一家啤酒厂旗下的研究

上头！
啤酒小史

嘉士伯海报，1897年。

机构，命名为嘉士伯实验室。丹麦的大部分嘉士伯啤酒现在都在该国西部的弗雷德里克啤酒厂酿造，但许多其他国家也有嘉士伯的酿酒厂，其中英国北安普顿就有一家专门的啤酒厂。

比利时智美啤酒（Chimay）

智美啤酒是一种正宗的特拉普修道院啤酒，在比利时阿登地区的斯高蒙特圣母修道院酿造，该啤酒厂成立于1862年。官方指定的特拉普修道院啤酒有七种，智美啤酒是最常见的一种。胭脂红酒、白酒和蓝酒是主要的系列，其中古铜色的蓝酒是一种艾尔啤酒，最初于1948年作为圣诞啤酒推出，通常被认为是最经典的一款。自1876年以来，斯高蒙特圣母修道院的西多会僧侣也一直在制作他们自己的半软奶酪，与啤酒搭配食用。

美国康胜啤酒（Coors）

康胜是与百威和米勒相媲美的美国最知名的啤酒品牌之一，自2005年与加拿大啤酒巨头摩森合并以来，它一直由摩森康胜酿酒公司（Molson Coors Brewing Company）生产。康胜由德国酿酒商阿道夫·库尔斯（后来的康胜）创立，他于1873年移居美国，并与合作伙伴在科罗拉多州戈尔登开始酿酒。就产量而言，康胜现在是世界上最大的啤酒厂，而1978年推出的康胜轻型啤酒是美国目前最受欢迎的三大啤酒之一。

墨西哥科罗娜啤酒（Corona）

科罗娜啤酒是一种"热带皮尔森"风格的啤酒，由莫德罗集团在墨西哥的几家啤酒厂生产。科罗娜特别款啤酒于1926年开始酿造，以庆祝集团成立10周年。现在在大约160个国家有售，从20世纪90年代初开始出口到欧洲，科罗娜是世界上最畅销的墨西哥啤酒，也是美国和加拿大首屈一指的进口品牌。科罗娜采用透明玻璃瓶，上面印有标签，据说独特的王冠图案代表巴亚尔塔港瓜达卢佩圣母大教堂的王冠。

比利时督威啤酒（Duvel）

督威啤酒是一种浓郁的金色麦芽酒，由摩盖特家族的第四代成员在比利时酿造。1871年，杨-李奥纳多·摩盖特及其妻子创立该公司；1923年，推出督威品牌，最初名为胜利艾尔啤酒（Victory Ale），以庆祝第一次世界大战期间战胜德国人。传说在初次品尝这种新啤酒时，当地的鞋匠被其浓郁的香气所震撼，宣称"这是真正的恶魔"，佛兰芒语为"*duvel*"，这个名字就被保留了下来。督威啤酒最初是一种黑啤，在1970年被改造成瓶装金色麦芽酒。

德国艾丁格啤酒（Erdinger）

1886年，约翰·金勒在巴伐利亚的艾丁格镇创立了一家专门生产小麦啤酒的啤酒厂。经过几次所有权变更后，啤酒厂的总经理弗朗茨·布隆巴赫于1935年买下了这家工厂，并于1949年将其重新命名为艾丁格。目前，啤酒厂仍由布隆巴赫家族掌管，是德国最大的私人酿酒厂之一，也是该国产量最高的小麦啤酒生产商。艾丁格啤酒是根据《巴伐利亚啤酒纯净法》使用细酵母酿造而成，并且仍然以传统方式在瓶中发酵三到四个星期。

澳大利亚福斯特啤酒（Foster's）

尽管福斯特啤酒在国际舞台上取得了巨大的成功，并且畅销150多个国家和地区，但福斯特啤酒在其本土澳大利亚并不像人们想象的那么普遍。美国人W.M.福斯特（W. M. Foster）和R.R.福斯特（R. R. Foster）在墨尔本建立了最先进的啤酒厂。两年后，即1888年，推出了该品牌。它的成功主要来自英国，1972年在英国一经亮相便一炮而红，目前，其拉格淡啤是英国销量第二的啤酒。福斯特集团旗下的福斯特拉格啤酒在欧洲由喜力国际生产，在美国由萨博米勒生产。

荷兰高仕啤酒（Grolsch）

自1897年以来，高仕啤酒就一直在荷兰酿造，其起源于威廉·尼尔福特1615年在格罗施镇（Grol）建立的啤酒厂。其皮尔森啤酒质量上乘，以其独特的绿色平顶瓶而著称。自2008年以来，高仕成为萨博米勒旗下品牌，在乌赛罗（Usselo）生产，高仕啤酒也在英国获得了生产许可。与一些竞争对手不同，高仕啤酒经历了相对较长的十周贮藏期。大约50%的高仕啤酒在荷兰销售，其皮尔森啤酒在70多个国家有售。

爱尔兰健力士啤酒（Guinness）

1759年，亚瑟·吉尼斯签署了一份为期9000年的租约，租用了都柏林圣詹姆士门的一家废弃啤酒厂，年租金为45

英镑，10年后，第一批出口产品（六桶半啤酒）被运往英国。到1833年，圣詹姆士门成为爱尔兰最大的啤酒厂，健力士啤酒享誉世界。目前，健力士啤酒是帝亚吉欧旗下的一个品牌，在全球50多个国家和地区酿造，在150多个国家和地区有售。据估计，健力士啤酒的日均消耗量大约为1000万杯。

荷兰喜力啤酒（Heineken）

喜力啤酒是啤酒界最知名的品牌之一。1864年，杰拉德·海尼根在阿姆斯特丹购买了16世纪晚期的一家啤酒厂，并于1873年将其更名为喜力啤酒厂。一年后，他在鹿特丹创建了第二家啤酒厂。1886年，该啤酒厂代替了原来的阿姆斯特丹啤酒厂。第二年，该啤酒厂不再生产拉格啤酒，转向生产淡色艾尔啤酒。今天，喜力在荷兰国内的啤酒生产主要集中在莱顿附近的祖特伍德，但喜力国际现在是世界第三大酿酒公司，其拉格啤酒在70多个国家的125家啤酒厂生产。

比利时福佳白啤（Hoegaarden）

据说，1445年，比利时霍加登镇的僧侣们发明了白啤的配方，到19世纪，该镇拥有13家啤酒厂。但随着时间的推移，白啤已经过时，最后一家名为汤姆森的白啤酒厂于1957年关闭。然而，在皮耶·塞利斯的努力下，10年后，白啤在该镇的一个小农舍中得到了复兴。"新"啤酒很快取得成功，业务扩大，当时的英特布鲁（现在的百威英博）于1987年将其买断。今天，福佳白啤被称为"原汁原味的比利时白啤"。

印度翠鸟啤酒（Kingfisher）

翠鸟啤酒是印度最畅销的啤酒，市场份额超过36%。它是联合啤酒集团下属品牌，其他品牌包括顶级（Premium）、烈性（Strong）、加强型（Ultra，酒体更浓郁，旨在与喜力和嘉士伯等进口品牌竞争）和针对年轻男性的蓝带啤酒（Blue）。1857年，迈索尔城堡啤酒厂首次酿造翠鸟啤酒；1915年，它与印度南部的其他四家啤酒厂联手，创建了联合啤酒厂。今天，该品牌与板球赞助和撒哈拉印度力量一级方程式赛车队密切相关。

法国凯旋啤酒（Kronenbourg）

最受欢迎的凯旋啤酒是淡色拉格啤酒——凯旋1664。其中，1664指的是哈特获得酿酒师证书后在现在法国的斯特拉斯堡建立他的第一家啤酒厂的年份。凯旋啤酒是嘉士伯集团旗下品牌，但在英国和澳大利亚，喜力国际和福斯特集团也有酿造权。凯旋1664于1952年首次推出，是法国最畅销的优质啤酒，占法国啤酒市场总量的三分之一左右。

苏格兰金啤（Innis & Gunn）

苏格兰精酿啤酒酿造厂的橡木桶陈酿啤酒（金啤）在2003年才推出，但随后的推广证明它在英国和出口市场都非常受欢迎。该啤酒的发明是偶然的，当时，威廉·格兰特父子有限公司要求爱丁堡加里东啤酒厂的道格尔·夏普研发一种啤酒，为威士忌酒桶调味，制作"麦芽味的酒桶"。随后啤酒被倒掉，但最后，其独特的风味得到认可。位于格拉斯哥的替牌啤酒厂拿下了苏格兰金啤的酿造合同。苏格兰金啤先在波本桶中熟化30天，然后在混合发酵桶中再熟化47天。

加拿大拉巴特啤酒（Labatt）

拉巴特成立于1847年，当时一位名叫约翰·拉巴特的爱尔兰移民在安大略省伦敦市收购了一家不起眼的啤酒厂，从小型业务开始，拉巴特啤酒厂现已发展成为一家控制着约40%加拿大啤酒市场份额的企业。拉巴特啤酒为百威英博旗下品牌，经营着六家啤酒厂，并以其拉巴特蓝啤而闻名，该品牌最初推出于1951年，当时名为拉巴特皮尔森，并于1968年重新命名为蓝啤，名字来源于其蓝色标签。除了自己的产品系列外，拉巴特还在加拿大酿造百威啤酒和健力士啤酒。

比利时莱福啤酒（Leffe）

莱福啤酒是一种修道院啤酒，现在是百威英博旗下品牌。13世纪，比利时的勒费圣母修道院首先开始酿造莱福啤酒。1809年，该啤酒厂关停，直到1952年，在专业酿酒师阿尔贝·鲁特沃特的帮助下，修道士尼斯再次开始酿造莱福艾尔黑啤。最常见的莱福啤酒是鲁汶时代啤酒厂生产的莱福金啤和黑啤，大约60个国家和地区向莱福修道院支付销售版税。

英格兰马斯顿佩迪里啤酒（Marston's Pedigree）

1834年，约翰·马斯顿在特伦特河畔伯顿创立马斯顿啤酒厂。1898年，与约翰·汤普森父子公司合并后，该啤酒厂迁至现址，当时称为阿尔比恩（Albion）啤酒厂。1999年，该啤酒厂被伍尔弗汉普顿&达德利酿酒厂收购，八年后，改名为马斯顿啤酒厂。马斯顿啤酒厂以其独特的酿造方式——伯顿联合方式而闻名，啤酒在橡木桶中进行发酵。

1952年佩迪里淡色艾尔啤酒推出，现在是英国最畅销的艾尔啤酒之一。

英格兰纽卡斯尔棕色艾尔啤酒（Newcastle Brown Ale）

纽卡斯尔棕色艾尔啤酒在英格兰东北部几乎具有传奇地位。1927年，由泰恩啤酒厂首次酿造。1960年，纽卡斯尔啤酒厂被苏格兰&纽卡斯尔啤酒厂收购，如今归喜力英国所有。目前，纽卡斯尔棕色艾尔啤酒现在由约克郡塔德卡斯特的约翰·史密斯啤酒厂生产，与其诞生城市失去了所有的联系。尽管如此，在英格兰东北部广为人知的"Broon"已出口到40多个国家，是美国最受欢迎的进口啤酒。

意大利佩罗尼啤酒（Peroni）

佩罗尼啤酒在意大利酿造，是该国最知名的啤酒品牌，经常被誉为意大利啤酒的典范。1846年，乔瓦尼·佩罗尼在维杰瓦诺创立该品牌，并于1864年迁到罗马。从那时起，佩罗尼的知名度逐渐提高，并于2005年被萨博米勒收购，后者在50多个国家推广"*Nastro Azzuro*"啤酒。1963年，"*Nastro Azzuro*"做出创新，比"标准"佩罗尼啤酒风味更浓郁。这个名字在意大利语中的意思是"蓝丝带"。

捷克共和国皮尔森博世纳啤酒（Pilsner Urquell）

1842年，现捷克共和国的皮尔森市开始生产皮尔森博世纳啤酒，这是最早酿造的拉格淡啤。"Urquell"的意思是"原始来源"，它的出现是因为皮尔森市市民对镇上生产的啤酒质量不满意，他们创建了一家新啤酒厂，并聘请了巴伐利亚酿酒商约瑟夫·格洛尔重新酿造。这种新型啤酒在国内外一炮而红，早在1873年就在美国销售。博世纳啤酒是萨博米勒旗下啤酒品牌。

比利时时代啤酒（Stella Artois）

时代啤酒是百威英博旗下的一款皮尔森啤酒，在国际上享有盛誉，除了本土比利时外，英国、澳大利亚和巴西等多个国家和地区也酿造时代啤酒，该啤酒的故乡是鲁汶市。1717年，"*Artois*"这个名字首次与啤酒厂联系在一起，由酿酒大师塞巴斯蒂安·阿托瓦提供。时代啤酒首次推出于1926年，最初是一种圣诞啤酒，1930年开始出口。1993年，鲁汶一家新的自动化啤酒厂开业，现在年总产量超过10亿升。

苏格兰替牌啤酒（Tennent's）

替牌啤酒曾经是苏格兰啤酒酿造业中与麦克尤恩和扬格并驾齐驱的三巨头之一，目前归爱尔兰C&C集团所有。1740年，罗伯特·坦南特和休·坦南特兄弟在格拉斯哥大教堂附近建立了Drygate啤酒厂，但该酒厂的酿酒历史实际上可以追溯到1556。后来，该酒厂改名为韦帕克（Wellpark）啤酒厂，1885年首次生产啤酒，并于1889年至1891年建造了一个专门的啤酒厂。替牌拉格啤酒是苏格兰市场的主导品牌。最初，替牌啤酒的罐子上印的都是女模特的照片，俗称"拉格女郎（lager lovelies）"。

英国泰特利啤酒（Tetley's）

巴斯和惠特布雷德等大型英国大众啤酒品牌已经逐渐消亡，但泰特利依然是英国啤酒的旗舰品牌，其起源可追溯到19世纪。1822年，约书亚·泰特利在约克郡利兹创立了啤酒厂，经过多次合并和收购，泰特利啤酒厂最终于1998年成为嘉士伯集团的一部分。2011年，位于利兹的老泰特利啤酒厂关闭，生产的产品包括最初的泰特利苦啤和流行的顺滑型啤酒，现在被外包给其他啤酒厂生产。2011年，泰特利啤酒的销售量超过1亿品脱。

新加坡虎牌啤酒（Tiger）

1932年，喜力与新加坡星狮集团的合资企业首次推出虎牌啤酒。虎牌啤酒厂最初被称为马来亚啤酒厂，现在

曼谷虎牌啤酒面包车。

上头！
啤酒小史

为亚太酿酒集团。其旗舰产品虎牌淡啤在亚洲11个国家酿造，印度也修建了虎牌啤酒厂。总体而言，虎牌啤酒在60多个国际市场均有销售，而亚太酿酒集团实际上在十几个国家经营着30家啤酒厂。虎牌啤酒使用荷兰培养的酵母酿造，在麦芽中加入大米，后味比较干爽。

中国青岛啤酒（Tsingtao）

1903年，英国和德国殖民者在中国山东省青岛市（历史上称为琴岛）成立了英德啤酒厂有限公司，并建造了中国最古老的啤酒厂，名为青岛啤酒厂。采用德国酿造技术酿造的啤酒很快就赢得了诸多市场奖项。如今，青岛啤酒在全球60多个国家和地区均有销售。事实上，它占中国啤酒出口总量的50%以上，是中国出口的领先品牌。1972年，青岛啤酒在美国上市，是美国最畅销的中国啤酒。

中国青岛啤酒厂。

参考文献

Barnard, Alfred, *The Noted Breweries of Great Britain and Ireland* (London, 1889–1891)

Barnett, Paul, *Beer: Facts, Figures and Fun* (London, 2006)

Cole, Melissa, *Let Me Tell You about Beer* (London, 2011)

Eames, Alan D., *The Secret Life of Beer* (North Adams, MA, 2005)

Evans, Jeff, *The Book of Beer Knowledge* (St Albans, 2004)

Glover, Brian, *Beer: An Illustrated History* (London, 1997)

Gourvish, T. R., and R. G. Wilson, *The British Brewing Industry, 1830–1980* (Cambridge, 1994)

Hackwood, Frederick, *Inns, Ales and Drinking Customs of Old England* (London, 1909)

Halley, Ned, *Dictionary of Drink* (Ware, Hertfordshire, 2005)

Jackson, Michael, ed., *Beer* (London, 2007)

—, ed., *The World Guide to Beer* (London, 1977)

Mosher, Randy, *Tasting Beer* (North Adams, MA, 2009)

Nelson, Larry, ed., *The Brewery Manual 2012* (Reigate, Surrey, 2012)

Oliver, Garrett, ed., *The Oxford Companion to Beer* (Oxford, 2012)

Smith, Gavin D., *British Brewing* (Thrupp, Gloucestershire, 2004)

Tierney-Jones, Adrian, ed., *1001 Beers You Must Try Before You Die* (London, 2010)

Van Damme, Jaak, and Hilde Deweer, *All Belgian Beers* (Oostkamp, 2011)

Webb, Tim, and Joris Pattyn, *100 Belgian Beers to Try Before You Die* (St Albans, 2008)

Yenne, Bill, *Beers of the World* (London, 1994)

上头！
啤酒小史

出版物、协会、节庆和博物馆

出版物

《啤酒倡导者》（*Beer Advocate*，美国）

《啤酒和酿酒商》（*Beer and Brewer*，澳大利亚）

《啤酒行家》（*Beer Connoisseur*，美国）

《啤酒杂志》（*Beer Magazine*，美国）

《酿造世界》（*Brauwelt*，德国）

《酿酒商卫报》（*Brewer's Guardian*，英国）

《现代啤酒厂》（*Modern Brewery Age*，美国）

协　会

啤酒协会（美国）

比利时酿酒商协会

真麦酒运动组织（CAMRA）

欧洲啤酒消费者联盟

北美酿酒商协会

独立酿酒商协会

节　庆

美国精酿啤酒周

亚洲啤酒节（新加坡）

布鲁日啤酒节（比利时布鲁日）

美国啤酒节（丹佛）

大不列颠啤酒节（伦敦）

加拿大啤酒节（维多利亚）

日本啤酒节（日本东京）

上头！
啤酒小史

纽约精酿啤酒周

慕尼黑啤酒节（德国慕尼黑）

旧金山啤酒周

博物馆

巴伐利亚啤酒博物馆（德国库尔姆贝克）

啤酒和慕尼黑啤酒节博物馆（德国慕尼黑）

比利时啤酒博物馆（比利时布鲁塞尔）

布鲁塞尔贵兹啤酒博物馆（比利时布鲁塞尔）

嘉士伯游客中心（丹麦哥本哈根）

欧洲啤酒博物馆（法国斯特奈）

健力士啤酒体验中心（爱尔兰都柏林）

喜力啤酒体验馆（荷兰阿姆斯特丹）

国家啤酒博物馆（荷兰阿尔克马尔）

国家啤酒中心（英国特伦特河畔伯顿）

札幌啤酒博物馆（日本札幌）

啤酒博物馆（捷克共和国皮尔森）

致　谢

感谢英国酒吧与啤酒协会的艾米·布莱斯（Amy Brice），百威英博的大卫·伯克哈特（David Burkhart）、汤姆·卡纳瓦（Tom Cannavan）、大卫·克罗斯（David Cross）和尼尔·格鲁尔（Neal Gruer），尼姆牧羊人啤酒厂的约翰·汗弗莱斯（John Humphreys），福乐斯的托尼·约翰孙（Tony Johnson），布莱恩的劳拉·奥弗顿（Laura Overton），帝亚吉欧的罗杰·普罗茨（Roger Protz）、鲁伯特·庞森比（Rupert Ponsonby）和艾夫琳·罗什（Eibhlin Roche），以及罗里·斯蒂尔（Rory Steel）。